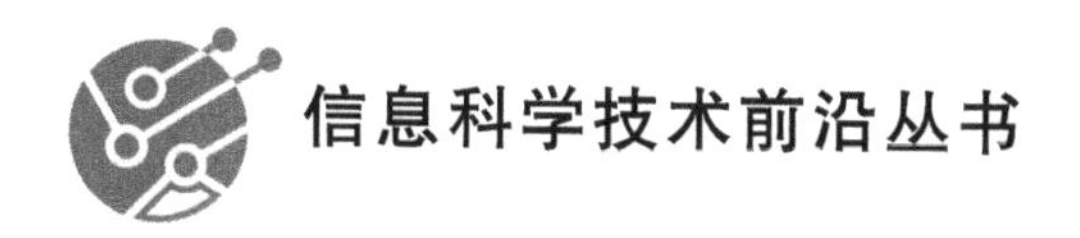

微波和太赫兹波段复介电常数与复磁导率测量技术

杨 闯 著

北京邮电大学出版社
www.buptpress.com

内 容 简 介

本书面向微波和太赫兹波段移动通信、卫星通信与定位技术、雷达遥感、无损检测等对材料复介电常数与复磁导率的需求，通过构建二端口传输线法测量的解析与人工神经网络反演模型，突破当前从二端口传输线法传输/反射、仅反射或仅传输测试 S 参数反演复介电常数与复磁导率的技术瓶颈，支持板材、薄膜、粉末/颗粒等物质形态下的测量，支持单层待测物、多层夹具内待测物的测量。本书所提复介电常数与复磁导率测量技术，对未来微波和太赫兹波段通信与感知系统设计具有重要的应用价值。

本书适合电子科学与技术、信息与通信工程等专业的高年级本科生和研究生使用，也可供相关专业的工程技术人员参考。

图书在版编目（CIP）数据

微波和太赫兹波段复介电常数与复磁导率测量技术 / 杨闯著. -- 北京 ：北京邮电大学出版社，2024.

ISBN 978-7-5635-7246-5

Ⅰ. TM934.33

中国国家版本馆 CIP 数据核字第 202428DR86 号

策划编辑：刘纳新　**责任编辑**：廖　娟　**责任校对**：张会良　**封面设计**：七星博纳

出版发行：北京邮电大学出版社

社　　址：北京市海淀区西土城路 10 号

邮政编码：100876

发 行 部：电话：010-62282185　传真：010-62283578

E-mail：publish@bupt.edu.cn

经　　销：各地新华书店

印　　刷：保定市中画美凯印刷有限公司

开　　本：720 mm×1 000 mm　1/16

印　　张：8.75

字　　数：161 千字

版　　次：2024 年 6 月第 1 版

印　　次：2024 年 6 月第 1 次印刷

ISBN 978-7-5635-7246-5　　定　价：58.00 元

·如有印装质量问题，请与北京邮电大学出版社发行部联系·

前　言

材料在微波和太赫兹波段的复介电常数与复磁导率是无线通信、雷达、微波遥感成像和射电天文等应用系统的关键设计参数之一。微波和太赫兹波段的复介电常数与复磁导率的测量方法与技术的不足就成为制约这些领域科技进步的瓶颈之一，并且基于不同测试原理的各种测量方法与技术层出不穷。在众多测量方法中，二端口传输线法以简单、宽带和精度适中的优势被广泛应用。其核心是如何有效并精准地从传输/反射(Transmission/Reflection，T/R)测试、仅反射(Reflection-Only，R-O)测试或仅传输(Transmission-Only，T-O)测试得到的 S 参数中提取出待测材料不同频率点的复介电常数与复磁导率值。本书在全面总结文献中现有的各种提取方法与技术基础上，针对目前文献中主流提取方法与技术的不足，提出了独特的解决方式，以弥补这些不足。依据 S 参数的测试方法和测试材料的层数可将本书的研究内容及其创新点总结为如下三个部分：1)针对基于 T/R 测试提取单层平板材料复介电常数广泛存在的谐振、多解和受到样品测试位置影响三大难题，本书首先依据电磁场理论提出了新型解析提取方法，完善了抑制解析提取谐振的理论；然后创造性地提出了一种计算复杂度低的组合提取方法，同时解决了这三大难题；最后提出了一种同时提取稳定复介电常数和复磁导率的方法。之后通过实验和仿真验证了提出的方法。2)针对基于 T/R 测试提取衬底上薄膜和平板间粉末/颗粒材料复介电常数与复磁导率尚存的不足之处，本书拓展了上述基于电磁场理论的方法，提出了计算复杂度低且同时适用于 TE_{10} 和 TEM 波传输线测试的解析提取方法，解决了衬底上薄膜复介电常数与复磁导率提取多解问题和平板间粉末/颗粒复介电常数提取谐振问题。之后本书通过实验和仿真验证了提出的方法。3)T/R 测试无法实施或无效时必须应用的 R-O 和 T-O 测试，通常只用于单层平板材料。针对基于 R-O 测试的提取方法与技术尚存的两个不足之处，本书首先详细分析了反射系数方程，解决了复介电常数提取的多解问题，然后应用人工神经网络消除了样品测试位置对提取的影响；此外本书提出了破解 R-O 厚度影响的方法；本书针对基于 T-O 测试提取样品太赫兹波段复介电常数存在的初值估计问题，提出了基于传输系数的介电常数估算模型，解决了这个问题。之后本书通过实验和仿真验证了提出的方法和技术。

本书的出版获得国家自然科学基金项目的资助（编号：62101059），在此表示感谢！

作　者

2024 年 2 月

目　　录

第1章
绪　论

本章首先介绍本书的研究背景，特别是基于二端口传输线测试的二端口传输线法(Two-Port Transmission Line Method，T-PTLM)测量材料微波和太赫兹本征电磁参数(复介电常数与复磁导率)的研究背景；然后依据测试 S 参数和测试材料的层数，对 T-PTLM 的研究现状展开论述，全面总结了基于传输/反射(Transmission/Reflection，T/R)、仅反射(Reflection-Only，R-O)和仅传输(Transmission-Only，T-O)测试的 T-PTLM 提取方法和技术尚存的不足并指出了研究方向；之后根据研究现状确定主要工作并阐述创新点；最后介绍本书结构及内容安排。第 1 章的组织结构如图 1-1 所示。

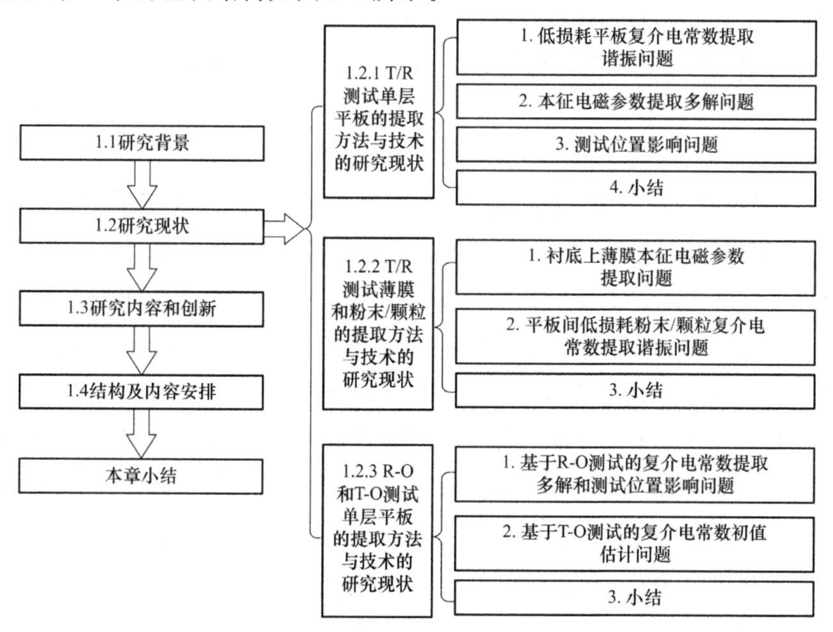

图 1-1　第 1 章的组织结构

1.1 研究背景

微波和太赫兹技术在军事、工业和国民生活等方面都扮演着重要的角色，这些技术广泛应用在移动通信、卫星通信与定位技术、雷达遥感和无损检测等方面，并起到了至关重要的作用[1-3]。尤其近年来，随着第五代移动通信(5th Generation Mobile Communication，5G)和第六代移动通信(6th Generation Mobile Communication,6G)的发展，人们对设计微波和太赫兹电路以及获取微波和太赫兹信号在环境中的传播特性都提出了迫切的需求[4,5]。而准确设计电路和获取电磁波的传播特性分别建立在准确获取电路和环境中材料的电磁特性的基础上。这就要求人们对微波和太赫兹电磁场作用下的材料的电磁特性有全面的认识。认识材料的微波和太赫兹电磁特性于 2020 年被引入为国际权威期刊 *IEEE Transactions on Microwave Theory and Techniques* 的一个新主题[6]，这更加证明了其在当今的重要性。麦克斯韦方程组表明，复介电常数与复磁导率是表征材料电磁特性的本征电磁参数，因此测量材料在微波和太赫兹波段的复介电常数与复磁导率是一个重要的课题。

测量材料在微波和太赫兹波段的复介电常数与复磁导率的方法层出不穷[7]。依据测试夹具，可将这些方法分为三类：谐振腔法[8,9]、开放式探头法(含矩形波导探头法和同轴探头法)[10,11]和 T-PTLM[12,13]。其中，谐振腔法是从待测材料(Materials Under Test,MUT)放入前后的谐振腔的谐振频率和品质因子中提取 MUT 的复介电常数与复磁导率，谐振腔法测量精度最高，但是只能窄带测量低损耗 MUT 的本征电磁参数；开放式探头法是将波导或者同轴线端口加工成法兰，从覆盖 MUT 的法兰端口的反射系数中提取 MUT 的复介电常数与复磁导率，开放式探头法可实现无损宽带测量，但是要求 MUT 的尺寸足够大且测量精度低；T-PTLM 主要依托于同轴线[14]、矩形波导[15]和自由空间[16]等二端口传输线测试，其核心是从填充 MUT 的二端口传输线的 S 参数中提取 MUT 的复介电常数与复磁导率。需要特别指出的是，自由空间测试也被认为是一种二端口传输线测试[13]，电磁波在 MUT 边界的绕射可被忽略时，即认为 MUT 填充了自由空间。在这三类测量方法中，T-PTLM 以简单和精度适中等优势，被广泛研究和应用。

T-PTLM 主要有三种测试方式：T/R 测试、R-O 测试和 T-O 测试。这三种方

式得到的 S 参数均可逆运算提取出 MUT 的复介电常数与复磁导率[17]。文献表明，基于 T/R 测试的 T-PTLM 应用最为广泛，可测量单层平板、衬底上薄膜、平板间粉末和颗粒材料的复介电常数与复磁导率[18]。需要特别指出的是，应用于粉末和颗粒材料的 T-PTLM 相同，因此在本书后续部分将粉末和颗粒写在一起，即“粉末/颗粒”。基于 R-O 测试和 T-O 测试的 T-PTLM 通常仅用于测量单层平板材料，这是因为基于这两种测试的提取算法本身比较复杂，而增加测试材料层数会进一步加大提取的复杂度。但是基于 R-O 测试的 T-PTLM 在测试设备只具有一个端口的情况下是唯一的测量方法[19]。基于自由空间 T-O 测试的 T-PTLM 在测量单层平板材料太赫兹复介电常数上具有准确度高的优势[20]。基于三种测试的 T-PTLM 各具优势，它们都被广泛研究和应用。

数十年来，基于三种测试的 T-PTLM 在提取方法与技术方面的不足随着测量频率的升高和各种新型 MUT 的出现逐渐暴露出来。如何解决这些不足是近年的热门研究课题。下一节将依据 S 参数测试方法和测试材料的层数，从三个方面总结 T-PTLM 的主流提取方法与技术尚存的不足，并指出弥补这些不足的研究方向。

1.2　研究现状

研究现状的三个方面及其分类的原因：1）T/R 测试单层平板的 T-PTLM 最原始，研究文献最多，其提取方法与技术作为第一部分介绍；2）薄膜放置或者沉积在衬底上、粉末/颗粒夹在平板之间才能进行 T/R 测试，此时从 S 参数中提取 MUT 的本征电磁参数需要去除衬底和平板的影响，提取复杂度高，作为第二部分介绍；3）R-O 和 T-O 是 T/R 测试被制约时的拓展测试方法，且均用于单层平板材料，因此相关主流提取方法与技术放在一个部分进行介绍，作为研究现状的第三部分。下面依次介绍上述三个部分。

1.2.1　T/R 测试单层平板的提取方法与技术的研究现状

首先介绍基于 T/R 测试的 T-PTLM 测量单层平板的主流提取方法与技术的研究现状，重点介绍这些方法与技术的不足及其优化方案。最经典的提取方法起源于 20 世纪 70 年代，由 Nicolson、Ross 和 Wier 提出，即著名的尼尔森-罗斯-威尔(Nicolson-Ross-Weir，NRW)方法[21,22]。近半个世纪以来，T/R 测试单层平板的 T-PTLM 提取方法与技术均围绕 NRW 方法的不足做研究，因此本书详细介绍了 NRW 方法涉及的测试和提取原理：1) T/R 测试单层 MUT 填充的二端口传输线的 S 参数(S_{11}和 S_{21})，测试原理如图 1-2 所示。其中：ε_0 为真空介电常数，大小为 8.854×10^{-12} F/m；μ_0 是真空磁导率，大小为 $4\pi\times10^{-7}$ H/m；$\varepsilon_r=\varepsilon'_r-j\varepsilon''_r$ 是 MUT 的相对复介电常数；$\mu_r=\mu'_r-j\mu''_r$ 是 MUT 的相对复磁导率，其中，$j=\sqrt{-1}$是虚数单位。需要特别指出的是，相对复介电常数和相对复磁导率的表达式均建立在电磁波时谐因子为 $\exp(j\omega t)$的基础上。本书所有的研究内容，均使用 $\exp(j\omega t)$作为时谐因子。MUT 复介电常数和复磁导率关于图 1-2 中参数的表达式为 $\varepsilon=\varepsilon_r\varepsilon_0$ 和 $\mu=\mu_r\mu_0$。2)将 MUT 的厚度 L、位置 L_{01} 和 L_{02} 以及测试得到的 S_{11}、S_{21} 代入 NRW 方法，可解析提取出 MUT 的复介电常数与复磁导率。NRW 方法同时适用于同轴线、矩形波导和自由空间测试。近半个世纪以来，NRW 方法因具有简单且适用范围广的优势，所以一直被研究和应用。

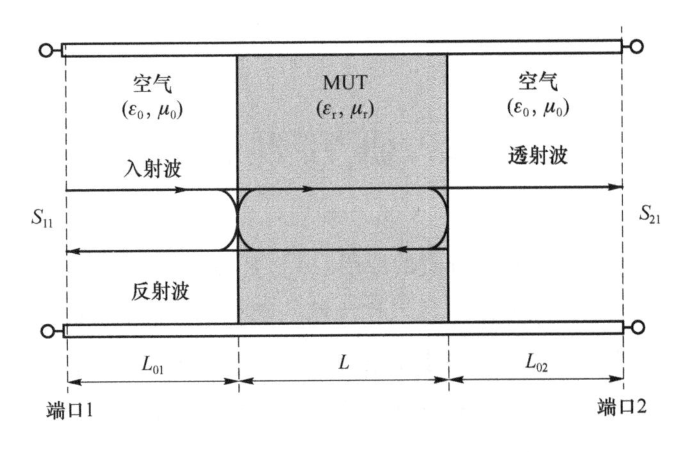

图 1-2　T/R 测试单层平板 MUT 原理图

20 世纪 90 年代，美国国家标准技术研究院(National Institute of Standards and Technology，NIST)将 NRW 方法作为单层平板材料本征电磁参数测量提取方法的标准[17]。但是，NRW 方法的详细推导过程一直未公之于世，致使研究人员容易错误应用 NRW 方法。本书作者已在两篇 SCI 文献中发现错误的 NRW 方法公式[23,24]，并向期刊编辑部指出错误。更值得关注的是，原始的 NRW 方法存在的三个广为人知的不足之处会导致测量结果不准确甚至错误。几十年来，科研人员一直致力于弥补 NRW 方法的不足。接下来,从三个不足出发,重点介绍这些不足的产生原因、现有弥补方法及其存在的问题,并指明弥补这些不足之处的研究方向。

1. 低损耗平板复介电常数提取谐振问题

第一个不足之处是低损耗平板 MUT 存在复介电常数提取谐振问题。对于低损耗平板 MUT,当其厚度是 MUT 内电磁波半波长整数倍时,会发生 Fabry-Perot 谐振,使 S_{11}的测试值接近于 0。这时,S_{11}(尤其是其相位)的测量不确定度很大。而 NRW 方法中的一个公式的因式是 $1/S_{11}$,S_{11}测量的不确定度会导致在 Fabry-Perot 谐振频率附近提取的复介电常数不稳定[25,26]。为了避免发生 Fabry-Perot 谐振,有些研究将 MUT 厚度加工至电磁波半波长以内,但这会降低复介电常数的测量精度[27]。更值得注意的是,随着测量频率的增加,电磁波波长越来越短,将 MUT 厚度加工至电磁波半波长以内的难度越来越大。因此,必须提出方法解决低损耗平板 MUT 的复介电常数提取谐振问题。

1990 年和 1992 年,NIST 的 Baker-Jarvis James 等人分别提出了基于测试 S_{11}、S_{21}、S_{12}和 S_{22}的非线性最小二乘法拟合(Nonlinear Least Squares Fitting, NLSF)迭代提取方法(四参数迭代法),基于因果关系的四参数迭代法和基于两个厚度 MUT 的传输系数的迭代提取方法[17,25,27],解决了低损耗平板 MUT 的复介电常数提取谐振问题。但是这三种方法都需要迭代计算,进而面临初值问题,即不准确的初值估计会导致错误的提取结果[28]。1997 年,Boughriet Abdel-Hakim 等人提出了一种非迭代的稳定传输反射(Noniterative Stable Transmission Reflection,NSTR)法[29],不存在初值估计问题。但解决复介电常数提取谐振问题要建立在强行去掉复介电常数表达中的谐振因式的基础上,NSTR 方法欠缺合理的理论分析。2009 年,Hasar Ugur Cem 进一步分析了 NRW 方法和 NSTR 方法中的解析公式,提出了一种新型的迭代提取方法[30]。但在解决复介电常数提取谐振问题方面,与 Boughriet Abdel-Hakim 等人提出的非迭代提取方法和 Baker-Jarvis James 等人提出的迭代提取方法相比并无优势。2014 年和 2015 年,Kim Sung 等人提出了两种近似计算提取方法,解决了复介电常数提取谐振问题[31,32],但实验测试结果表明这两种方法的计算精度较差。2016 年,Houtz Derek A. 等人详细分析了低损平板 MUT 复介电常数提取谐振的原理,展示出 Fabry-Perot 谐振频率点处 T/R 测试的 S_{11}的测量不确定度极大。为此,他们在 T/R 测试基础上增加了短路反射测试,使用短路反射系数代替不确定度大的 S_{11}进行本征电磁参数提取[33],缓解了复介电常数提取谐振问题,但仍然需要使用迭代算法。以上研究现状表明,迭代算法可解决复介电常数提取谐振问题,但受制于初值估计问题;解析方法有效,但欠缺合理的理论分析。为此,完善解析提取方法的理论,推导出公式,抑制 Fabry-Perot 谐振频率处 S_{11} 对复介电常数提取的影响,是弥补本方面不足的研究方向。

2. 本征电磁参数提取多解问题

第二个不足之处是相位模糊导致的提取多解问题。在 NRW 方法的提取过程中,如果 S_{21} 相位超过 2π,那么相位真实值和测试值满足 $\phi_{\text{actual}}=\phi_{\text{measured}}+2m\pi$,$m=0,1,2,\cdots$,其中,下角标"actual"代表"真实",下角标"measured"代表"测试"。此时,S_{21} 相位模糊,进而导致本征电磁参数提取多解[34,35]。为了解决多解问题,已有多种方法被提出。1974 年,Weir 提出了比较群延时的方法[22]——使测试群延时和计算群延时最接近的解即为 MUT 正确的本征电磁参数,但该方法只适用于低色散材料。1985 年,Ness Jone 提出了多相位分析法[36],首先根据 S_{21} 在相位为 0、$\pi/2$、π、$3\pi/2$ 和 2π 时的特性估算出 MUT 复介电常数的近似值,然后将其作为初值代入迭代算法提取出 MUT 复介电常数的唯一解,但该方法也只适用于低色散材料。1998 年,A. R. Ball James 等人提出了三频点分析法[37],首先从 S_{21} 相位为 $\pi/2$ 整数倍的三个频点估算出 MUT 复介电常数的近似值,然后将其作为初值代入迭代算法提取出 MUT 复介电常数的唯一解,但该方法也只适用于低色散材料。需要特别指出的是,上述基于 S_{21} 相位分析的两种方法只适用于极宽频段测试或 MUT 足够厚的情况,这是因为此时的测试 S_{21} 才能满足方法应用的前提条件。可见,基于 S_{21} 相位分析的方法具有局限性。2008 年至 2010 年,Hasar Ugur Cem 等人提出了只与测试 S 参数幅值相关的本征电磁参数提取方法[38-40],进而避开了相位模糊问题,提取了 MUT 复介电常数的唯一值。这三种只与测试 S 参数幅值相关的方法分别适用于不同损耗程度的低色散材料。可见,上述方法只适用于低色散材料。2007 年和 2011 年,Varadan Vasundara V. 等人和浙江大学 Li Erping 教授团队基于 Kramers-Kronig 关系,提出了提取色散材料本征电磁参数唯一值的方法[41,42],由于涉及频率无穷积分计算,需要测试频率范围极宽才有效[43]。2011 年,Luukkonen Olli 等人提出了逐步的 NRW 提取方法[44],在确定测试频段内任意频点的本征电磁参数后,可提取出整个测试频段内的本征电磁参数的唯一解。同年,Barroso Joaquim J. 等人提出了相位展开方法[45],也是建立在一个频点的本征电磁参数测定的基础上,才能解决提取多解问题。上述研究表明,每一种解决相位模糊导致的提取多解问题的方法都具有局限性。在应用这些方法和研究多解问题过程中，需要根据 MUT 的特性和测试频率选取和拓展相应的方法。

3. 测试位置影响问题

第三个不足之处是 MUT 测试位置影响问题。对于同轴线和矩形波导测试来说，若 MUT 不与传输线端口对齐，其位置测试困难，且 MUT 可能在连接传输线和测试设备接口时发生位移。位置误差会增大 NRW 方法提取结果的误差，且随着频率增加位置误差的影响增大[46,47]。为此，多种与 MUT 测试位置无关(Position Independent，PI)的基于 T/R 测试的提取方法被提出。1990 年，Baker-Jarvis James 等人首次在 MUT 测试位置影响问题方面做出了重大改进[27]，同时使用 S_{11}、S_{21}、S_{12} 和 S_{22} 进行 MUT 的复介电常数提取，即四参数迭代法，消除了 MUT 测试位置对提取的影响，但作为一种迭代方法四参数迭代法面临初值估计问题；1998 年，Wan Changhua 等人提出了 T/R 测试不同厚度材料的 PI 提取方法[48]，但也需要使用迭代计算，同样面临初值估计问题；1999 年和 2008 年，Ma Zhihong 等人和 Hasar Ugur Cem 分别提出了只和 T/R 测试的 S 参数幅值相关的 PI 提取方法[49,50]，但仍然需要对 MUT 的复介电常数进行准确的初值估计后才有效；2009 年，Chalapat Khattiya 等人组合 NRW 方法和四参数迭代法，提出了一种解析和迭代融合的基于 T/R 测试的 PI 提取方法[51]，有效解决了初值估计问题，但该方法受制于相位测试误差；2011 年至 2015 年，Hasar Ugur Cem 等人针对不同尺寸和物理状态的 MUT 提出了一系列基于 T/R 测试的 PI 提取方法[52-54]，但这些方法都受制于相位测试误差[55]。而相位测试误差受制于测量仪器，因此亟待提出不受制于初值估计的基于 T/R 测试的 PI 提取方法。

4. 小结

对上述三个不足之处的研究现状的分析表明，T/R 测试单层材料的 T-PTLM 提取方法的理论已接近完善，仅解析去谐振理论有待研究，为此有必要单独完善这方面的理论。此外，上述方法没有将三个不足之处作为整体研究。2017 年，Hasar Ugur Cem 提出在 T/R 测试基础上增加短路反射测试的方法[55]，同时弥补了 NRW 方法的三个不足之处。但增加短路测试会增加 MUT 复介电常数提取的不确定度[56]。为此，同时弥补三个不足且不增加短路反射测试也是一个研究方向。

上述基于 T/R 测试的 T-PTLM 提取方法与技术只适用于单层平板材料，不能直接应用于薄膜和粉末/颗粒材料[57]，这是因为薄膜需要放置甚至沉积在衬底上才能进行 T/R 测试，粉末/颗粒需要夹在平板之间才能进行 T/R 测试，这将在图 1-2 所示的经典 T/R 测试基础上增加层状材料。文献表明，单层平板材料的提取方法直接应用于衬底上薄膜材料后，本征电磁参数提取结果会出现奇异[58]。为此，T/R 测试这些多层材料的 T-PTLM 的主流提取方法与技术，单独作为研究现状的第二部分，介绍如下。

1.2.2 T/R 测试薄膜和粉末/颗粒的提取方法与技术的研究现状

衬底上薄膜和平板间粉末/颗粒的主流提取方法与技术不同，为此，本部分的研究现状分为两个方面介绍。然后介绍平板间粉末/颗粒复介电常数提取尚存的不足及研究方向。

1. 衬底上薄膜本征电磁参数提取问题

1991 年，Kamarei M. 等人首次基于传输矩阵理论去除衬底影响，从 T/R 测试 S 参数中提取出了衬底上薄膜本征电磁参数[59]，但该方法需要进行复杂的矩阵计算，忽略了传输系数的相位模糊且不适用于矩形波导。2002 年，华中科技大学张秀成教授团队改进了基于传输矩阵理论的提取方法[60]，改进后的方法适用于矩形波导，但仍需要复杂的矩阵计算且忽略了传输系数的相位模糊。2003 年，Williams Trevor C. 等人提出了一种修正的基于 T/R 测试的提取方法，提取了衬底上高损耗薄膜的复介电常数[61]，但所提方法使用了迭代算法，受制于初值估计问题。2006 年，Havrilla Michael J. 等人融合传输矩阵理论和 NRW 方法，同时提出了适用于衬底上薄膜本征电磁参数测量的解析和迭代提取方法[62]，但这两种方法都存在复杂的矩阵计算。2017 年，西安电子科技大学 Shi Yan 教授课题组基于自由空间 T/R 测试的电磁场分析提出了适用于衬底上薄膜本征电磁参数提取的方法[63]，但是这种方法只适用于 TEM 波传输线且需要迭代求解。由于难以克服迭代算法的缺陷，优化解析提取方法是一个研究方向。研究现状表明，在降低解析提取算法的计算复杂度、考虑相位模糊和同时适用于同轴线、矩形波导和自由空间测试三个方面同时优化，可解决基于 T/R 测试的 T-PTLM 在提取衬底上薄膜本征电磁参数方面存在的问题。

2. 平板间低损耗粉末/颗粒复介电常数提取谐振问题

相比单层衬底上的薄膜材料，粉末/颗粒夹在两块平板之间才能进行 T/R 测试，本征电磁参数提取的复杂度进一步增加。2005 年，Gorriti A. G. 等人提出了三明治 T/R 测试方法，使用传输矩阵理论，首次提取出了平板间粉末/颗粒的复介电常数[64,65]，但低损耗颗粒/粉末存在复介电常数提取谐振问题。2006 年，Havrilla Michael J. 等人组合了传输矩阵理论和 NRW 方法提出的基于 T/R 测试的 T-PTLM，他们所提的测试方法不仅适用于衬底上薄膜也适用于平板间粉末/颗粒，但对低损耗 MUT 进行测量时也存在复介电常数提取困难的问题[62]。同年，Ebara Hidetoshi 等人改进了粉末/颗粒 T/R 测试方法[66]，将两块平板嵌入测试系统的端口，通过校准技术，直接测试出了粉末/颗粒 MUT 的 S 参数，使用 NRW 方法直接提取出了粉末/颗粒的本征电磁参数。但该测试方法测量低损耗粉末/颗粒时，面临复介电常数提取谐振问题。2014 年，Élodie Georget 等人基于传输线理论提出了一种近似去除平板影响的基于 T/R 测试的提取方法[67]，由于近似估计平板损耗，导致复介电常数提取精度低。2015 年，Brouet Y. 等人使用近似去除平板影响的方法提取了楚留莫夫—格拉希门克彗星表面颗粒的复介电常数[68]，提取结果随频率的波动较大，证明本方法提取精度低。2016 年，Piuzzi Emanuele 等人进一步改进了 T/R 测试技术，提出了新型的颗粒复介电常数测量方法[69]，应用 NRW 方法，从测试的 S 参数中提取了颗粒材料的复介电常数，但提取的低损耗颗粒的复介电常数具有明显的谐振现象。仅 Oguchi Tomohiro 等人拓展的四参数迭代法[70]可解决平板间低损耗粉末/颗粒复介电常数提取谐振问题，但是该迭代方法存在初值估计问题。鉴于初值估计问题是数学上必须面对的难题，解决起来十分困难。从 T/R 测试的 S 参数中，解析提取平板间低损耗粉末/颗粒稳定的复介电常数是一个值得被研究的方向。

3. 小结

本小节概述了基于 T/R 测试的 T-PTLM 在提取衬底上薄膜和平板间粉末/颗粒本征电磁参数方面的研究现状，在总结了主流提取方法与技术的不足后，指明了需要重点研究的解析提取方法。具体来说，需要降低提取算法的计算复杂度、拓展算法使之同时适用于 TE_{10} 和 TEM 波二端口传输线测试、考虑相位模糊问题，并且抑制低损耗粉末/颗粒复介电常数提取谐振。至此，基于 T/R 测试的主流提取方法与技术的研究现状阐述完毕。

尽管基于 T/R 测试的 T-PTLM 已能实现材料微波和太赫兹本征电磁参数测量，但仍需研究基于 R-O 和 T-O 测试的方法，原因如下：1)单端口测试设备以其经济实惠而广泛应用于工业界，因此开发仅需要 R-O 测试的方法一直是研究热点[71,72]；2)在太赫兹频段(尤其是超过 300 GHz 后的太赫兹频段)，通常使用自由空间测试 S 参数，此时很难测试出反射系数 S_{11}，从而导致必须使用 T-O 测试方法[20,73]。鉴于从 R-O 和 T-O 测试的 S 参数中提取 MUT 本征电磁参数的计算复杂度高，这方面测量的材料通常为单层平板。下一小节将介绍 T/R 测试无法实施或无效情况下必须应用的基于 R-O 或 T-O 测试的 T-PTLM[73,74]，重点介绍其主流提取方法与技术尚存的不足及研究方向。

1.2.3 R-O 和 T-O 测试单层平板的提取方法与技术的研究现状

R-O 和 T-O 测试单层平板的主流提取方法与技术尚存三个不足之处，下面逐一介绍。首先介绍基于 R-O 测试的主流提取方法与技术尚存的两个不足之处。然后介绍 R-O 测试无效时，必须应用的基于 T-O 测试的 T-PTLM，重点介绍其提取方法与技术的缺陷。

1. 基于 R-O 测试的复介电常数提取多解和测试位置影响问题

为阐述不足，首先详细介绍基于 R-O 测试的 T-PTLM。MUT 同样如图 1-2 所示填充一段二端口传输线，但传输线的端口 2 不再连接测试设备，而是连接短路器或者匹配负载[7]，只测试传输线的反射系数 S_{11}。但从 S_{11} 提取 MUT 的本征电磁参数具有一定的挑战性。20 世纪 90 年代，NIST 总结了三种基于短路反射的 T-PTLM 的提取方法[17]，即单样品短路法、单样品位移短路法、双厚度短路法，但是它们均建立在迭代算法的基础上。相比这些需要准确初值估计的迭代方法，Fenner R. A. 等人提出了基于遗传算法的提取方法[75]，不需要准确的初值估计，只需要 MUT 本征电磁参数在合适的区间范围，缓和了初值估计问题。2009 年，Hasar Ugur Cem 等人提出了不对称短路测试的 T-PTLM[76]，解析提取出了 MUT 的复介电常数。但是计算过程十分繁杂。2012 年，Fenner R. A. 等人综述文章指出，从二端口传输线端口 2 短路和匹配测试的反射系数中可解析提取出 MUT 的复介电常数，且计算公式简单。但他们所提的方法忽略了复数反三角函数运算引起的提取多解问题[77]。鉴于初值估计问题无法解决，且解析提取多解的原因十分明确，如何从短路和匹配反射系数中解析提取出 MUT 唯一的复介电常数是一个研究方向。除此之外，上述方法都未考虑 MUT 测试位置的影响。然而，反射系数的相位对 MUT 位置非常敏感，且敏感度随频率增加而增大[51,52]，这将导致高频下基于 R-O 测试的提取结果不准确。因此，基于 R-O 测试的 PI 提取方法也是一个研究方向。

2. 基于T-O测试的复介电常数初值估计问题

首先详细介绍主流的基于T-O测试的T-PTLM。近年来,由于测试方面的优势,基于自由空间T-O测试的T-PTLM在测量单层平板太赫兹复介电常数方面得到了广泛的应用[78,79]。对于T-O测试,MUT同样如图1-2所示填充一段二端口传输线,但只测试S_{21}。由于仅有一个测试参数S_{21},只能迭代求解MUT的复介电常数,从而面临初值估计问题。2015年至2018年,Tosaka Toshihide等人、Hammler Jonathan等人和Sahin Seckin等人忽略了初值估计问题[80-82],使用自由空间T-O测试的S_{21}迭代提取出了单层平板太赫兹复介电常数。2016年,吉林大学Cui Hongliang教授团队实验验证了S_{21}迭代求解平板太赫兹复介电常数的缺陷[83],并提出了以NRW方法提取的复介电常数作为迭代算法的初值,解决了初值估计问题。但测量频率超过300 GHz时,测试S_{11}困难[20,73],NRW方法失效,使得Cui Hongliang教授团队提出的基于NRW的迭代提取方法失效。2015年,Ghalichechian Nima等人使用MUT低频复介电常数作为太赫兹频段复介电常数的初值[84]。但当MUT低频特性和太赫兹频段特性差别大时,该方法失效。除此之外,Ghalichechian Nima等人还提出了从测试S_{21}估算MUT太赫兹介电常数的方法。但是,该方法没有理论分析且在$|S_{21}|$没有两个以上峰值时失效。2017年和2019年,Turgut Ozturk等人和Muhammet Tahir Güneşer分别使用人工神经网络(Artificial Neural Network,ANN)代替迭代算法,从S_{21}提取出了单层平板的太赫兹复介电常数[85,86]。但该方法需要合适的数据训练ANN,因此仍然存在初值估计问题。为此,从S_{21}估算出MUT的本征电磁参数作为迭代算法初值或者ANN训练数据的依据是未来研究的方向。

3. 小结

本小节简要总结了R-O和T-O测试单层平板的主流提取方法与技术尚存的不足并指明了研究方向。具体来说,需要提出方法,从短路和匹配反射系数中解析提取出MUT唯一的复介电常数;消除MUT测试位置对基于R-O测试的提取方法的影响;从S_{21}估算出MUT的本征电磁参数。

1.3 研究内容和创新

研究现状表明,材料在微波和太赫兹波段的本征电磁参数的测量方法

T-PTLM被广泛研究和应用。基于T/R、R-O和T-O测试的T-PTLM各具优势，但受制于提取方法与技术的不足之处。根据本章1.2节对尚存不足的分析及指出的弥补不足的研究方向，本书首先针对经典T/R测试单层材料的T-PTLM的主流提取方法与技术的三个不足之处，分别从理论和技术两个角度弥补这些不足；然后拓展理论角度方法，弥补T/R测试多层材料的T-PTLM的主流提取方法与技术尚存的不足之处；最后拓展技术角度方法，弥补R-O和T-O测试单层材料的T-PTLM的主流提取方法与技术尚存的不足之处。具体来看，本书主要研究内容及其创新总结为如下三个方面：

(1) 基于T/R测试的T-PTLM在提取单层平板材料本征电磁参数方面：创造性地提出两种方法，弥补了本方面存在的复介电常数提取谐振、多解和受到MUT测试位置影响三个不足之处。首先从电磁场理论出发，提出了一种抑制Fabry-Perot谐振对复介电常数提取影响的解析方法，完善了解析去谐振理论，220～325 GHz自由空间T/R测试和仿真验证了提出方法的可行性和优势；然后组合应用传输线方程分析、ANN、NRW、相位展开和NLSF方法，提出方法同时弥补了三个不足之处。本方法虽然计算步骤多，但是计算复杂度低。对于位置测试误差大的同轴线和矩形波导而言测试相关的T-PTLM至关重要。X波段矩形波导T/R测试和仿真验证了提出方法的可行性和优势。

(2) 基于T/R测试的T-PTLM在提取衬底上薄膜和平板间粉末/颗粒材料本征电磁参数方面：拓展了上述基于电磁场理论的方法，从T/R测试S_{11}和S_{21}中解析提取出衬底上薄膜和平板间粉末/颗粒本征电磁参数。本方法的复介电常数与复磁导率的解析式简单且同时适用于TE_{10}和TEM波传输线测试。更重要的是，对于衬底上薄膜，本方法具有解析唯一的优势；对于平板间粉末/颗粒，本方法解决了低损耗粉末/颗粒复介电常数提取谐振问题。X波段矩形波导T/R测试和仿真验证了提出方法的可行性和优势。

(3) 基于R-O和T-O测试的T-PTLM在提取单层平板材料本征电磁参数方面：拓展了传输线方程分析方法和ANN技术，提出了基于R-O或T-O测试的优化提取方法与技术，弥补了本方面尚存的三个不足之处。本方法首次从短路和匹配反射系数中解析出了MUT唯一的复介电常数，解决了基于R-O测试的提取多解问题。X波段矩形波导R-O测试验证了方法的可行性和优势，首次应用ANN消除了MUT测试位置对基于R-O测试提取的影响。测试三个反射系数，同时提取出了MUT复介电常数、复磁导率和测试位置，解决了位置敏感的反射系数引发的提取结果不准确问题。X波段矩形波导R-O测试和仿真验证了方法的可行性。本方法提出了基于自由空间传输系数特性分析的MUT介电常数估算模型，有效估算出了MUT在测试频段的介电常数，解决了基于自由空间T-O测试的T-PTLM在提取单层平板太赫兹复介电常数方面存在的初值估计问题。使用文献中的材料，在220～325 GHz、260～400 GHz和100～2 000 GHz频段自由空间仿真验证了方法的可行性和优势。

1.4 结构及内容安排

根据研究内容，本书分为6个章节，组织结构如图1-3所示。

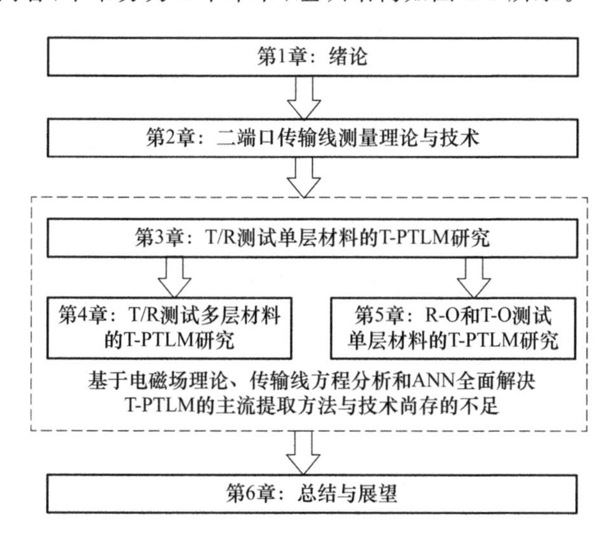

图1-3 本书组织结构

第1章：绪论。本章首先介绍了本书的研究背景；然后着重指出了T-PTLM的主流提取方法与技术尚存的不足之处，并指明研究方向；之后根据研究现状，确定本书的主要研究内容，并阐述研究的创新性；最后总结本书结构及安排。

第2章：二端口传输线测量理论与技术。本章从S参数理论、二端口传输线测试及其S参数、本征电磁参数提取方法三个方面介绍本书涉及的T-PTLM测量理论与技术。

第3章：T/R测试单层材料的T-PTLM研究。首先从电磁场理论出发，提出了抑制低损耗单层平板复介电常数提取谐振的解析方法，完善了本方面的提取方法理论;然后组合传输线方程分析、ANN 和文献中的经典提取方法与技术,同时弥补了 T/R 测试单层平板的提取方法与技术存在的三个不足之处;最后提出来一种同时提取稳定复介电常数和复磁导率的方法。

第 4 章:T/R 测试多层材料的 T-PTLM 研究。首先拓展了第 3 章 3.1 节的基于电磁场理论的方法,推导出了衬底上薄膜本征电磁参数关于 S_{11} 和 S_{21} 的解析方程,解析方程计算复杂度低、同时适用于 TE_{10} 和 TEM 波传输线且解决了衬底上薄膜复介电常数与复磁导率提取存在的多解问题;然后进一步拓展了基于电磁场理论的方法,推导出了平板间粉末/颗粒本征电磁参数关于 S_{11} 和 S_{21} 的解析方程,再结合 NIST 提出的消除谐振理论,解决了低损耗粉末/颗粒复介电常数提取谐振问题。

第 5 章:R-O 和 T-O 测试单层材料的 T-PTLM 研究。基于传输线方程分析和 ANN,全面优化了基于 R-O 和 T-O 测试的 T-PTLM 的主流提取方法与技术。首先从短路和匹配 R-O 测试 S_{11} 方程解析提取了单层平板 MUT 唯一复介电常数,并提出了破解 R-O 厚度影响的方法;然后应用 ANN 消除了 MUT 测试位置对基于 R-O 测试的提取的影响;最后分析了自由空间传输系数方程,提出了从 S_{21} 幅值和相位估算出 MUT 介电常数的方法,解决了基于自由空间 T-O 测试的 T-PTLM 提取平板太赫兹复介电常数存在的初值估计问题。

第 6 章:总结与展望。本章对全书的研究内容和研究成果进行总结概括,并展望了后续的研究方向。

本章小结

本章详细阐述了本书的研究背景、研究意义、研究内容和创新点。本章首先指出了使用 T-PTLM 测量材料微波和太赫兹本征电磁参数的必要性,尤其指出了研究 T/R 测试单层平板的 T-PTLM 的提取方法与技术的必要性、T/R 测试衬底上薄膜和平板间粉末/颗粒的 T-PTLM 的提取方法与技术的必要性以及 R-O 和 T-O 测试单层平板的 T-PTLM 的提取方法与技术的必要性;然后分别总结了上述三个方面的研究现状,指出了 T-PTLM 的主流提取方法与技术尚需弥补的不足之处,并指明了研究方向;之后根据研究现状整体介绍本书三个方面的研究内容及其创新性;最后对全书结构进行了安排。

第 2 章

二端口传输线测量理论与技术

本书提出的弥补 T-PTLM 主流提取方法与技术尚存的不足的方法建立在电磁场理论、传输线理论、ANN 和经典本征电磁参数提取算法之上，本章详细介绍相关理论与技术。T-PTLM 测量材料微波和太赫兹本征电磁参数分为两步：1）测试填充 MUT 的二端口传输线的 S 参数；2）从 S 参数逆运算提取 MUT 的本征电磁参数。因此，本章首先介绍二端口传输线 S 参数的相关理论；然后介绍与本书研究相关的二端口传输线测试及其 S 参数；最后介绍本征电磁参数提取算法。本章的组织结构如图 2-1 所示。

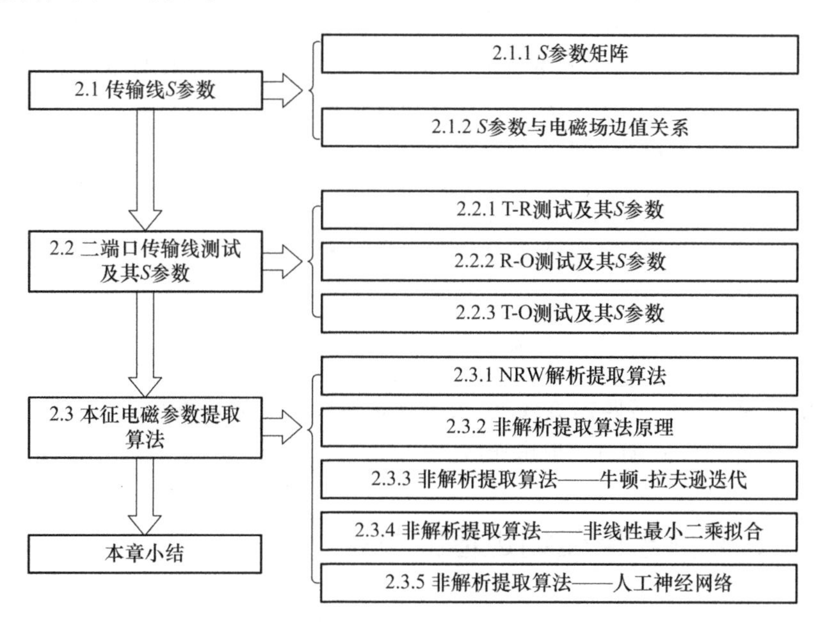

图 2-1　第 2 章组织结构

2.1 传输线 S 参数

在微波和太赫兹波段，难以直接测试传输线的电压和电流，通常测试传输线的 S 参数[87]。S 参数不仅是表征二端口传输线微波和太赫兹特性的参数，更是实验测试参数和 MUT 本征电磁参数之间的桥梁。本书提出的方法均建立在 S 参数基础之上，为此，本章详细介绍二端口传输线的 S 参数。

2.1.1 S 参数矩阵

S 参数是矢量，可用矩阵表示。对于二端口传输线，其 S 参数为二维矩阵。

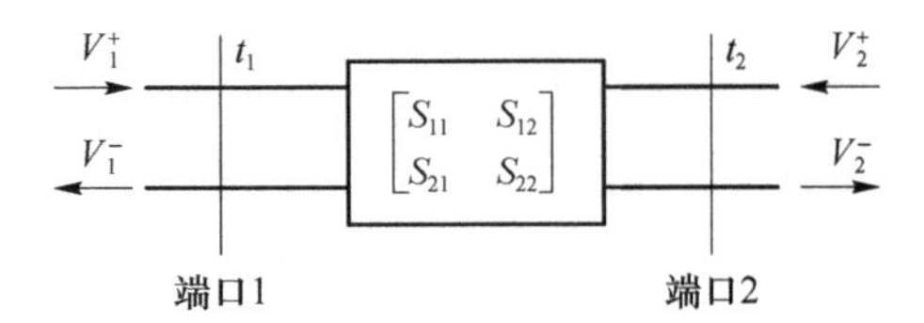

图 2-2　二端口传输线 S 参数矩阵

在图 2-2 所示的二端口传输线中，t_1 和 t_2 分别定义为传输线的两个端口平面[87]，V_1^+ 是入射到端口 1 的电压波振幅，V_1^- 是自端口 1 反射的电压波振幅，V_2^+ 是入射到端口 2 的电压波振幅，V_2^- 是自端口反射 2 的电压波振幅。S 参数矩阵由这些入射和反射电压波之间的关系确定[87-89]：

$$\begin{bmatrix} V_1^- \\ V_2^- \end{bmatrix} = \begin{bmatrix} S_{11} & S_{12} \\ S_{21} & S_{22} \end{bmatrix} \begin{bmatrix} V_1^+ \\ V_2^+ \end{bmatrix}, \tag{2-1}$$

或者表示为：

$$S_{\mathrm{pq}} = \left. \frac{V_{\mathrm{p}}^-}{V_{\mathrm{q}}^+} \right|_{V_{\mathrm{k}}^+ = 0, \mathrm{k} \neq \mathrm{q}}, \tag{2-2}$$

其中，S_{pq}是当 p 端口接匹配负载时，从端口 q 到端口 p 的传输系数。公式(2-2)成立的前提条件为仅 q 端口入射电压波。

2.1.2 S 参数与电磁场边值的关系

基于电磁场理论中的“电磁场边值关系”建立 MUT 复介电常数和复磁导率关

于 S 参数的表达式是本书的重要研究方法。因此，本小节详细介绍了电磁场边值关系。如图 2-3 所示，两个介质交界面处，媒介 1 和媒介 2 切向电场强度分别为 E_{t1} 和 E_{t2}，切向磁场强度分别为 H_{t1} 和 H_{t2}，法向电位移矢量分别为 $\boldsymbol{D}_{n1}$ 和 $\boldsymbol{D}_{n2}$，法向磁感应强度为 B_{n1} 和 B_{n2}。其中，媒介 1 复介电常数和复磁导率分别为 ε_1 和 μ_1，媒介 2 复介电常数和复磁导率分别为 ε_2 和 μ_2。

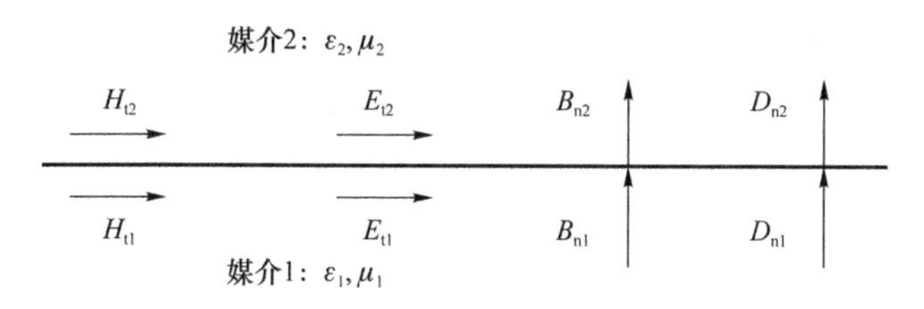

图 2-3　两媒介之间的交界面上的电磁场

在媒介的电导率耦合至其复介电常数虚部的前提下，对于各向同性的两种媒介，可推导出如下边值关系[90]：

$$D_{n1}=D_{n2} \tag{2-3}$$

$$B_{n1}=B_{n2} \tag{2-4}$$

$$E_{t1}=E_{t2} \tag{2-5}$$

$$H_{t1}=H_{t2}, \tag{2-6}$$

其中，电位移矢量 $\boldsymbol{D}=\varepsilon\boldsymbol{E}$，磁感应强度 $\boldsymbol{B}=\mu\boldsymbol{H}$。根据电磁场边值关系，结合电磁场波动方程[91]，可以使用 MUT 复介电常数和复磁导率推导出媒介交界面电磁场分量和媒介任意位置电磁场分量的关系[91]。再根据传输线电压波正比电场分量[87,92,93]，可以推导出 S 参数关于 MUT 复介电常数和复磁导率的表达式。再做逆运算，可以推导出 MUT 复介电常数和复磁导率关于 S 参数的表达式。

2.2　二端口传输线测试及其 *S* 参数

文献中给出的二端口传输线测试及其 S 参数是本书研究的重要依据，在此详细介绍。对于测量频率低于 300 GHz 的微波频段，T/R、R-O 和 T-O 测试方法均可使用，测试系统基于矢量网络分析仪（Vector Network Analyzer，VNA）[94]。当测量频率高于 300 GHz 时，通常使用基于自由空间的 T-O 测试，测试系统分为两种，一种基于 VNA，另一种基于太赫兹时域光谱仪（Terahertz Time-Domain

Spectrometer，THz-TDS）[95]。

在测试二端口传输线 S 参数之前，首先要校准测试系统。对于 VNA 测试系统，基于矩形波导的 T/R 测试，通常使用“直通-反射-传输线”（Through-Reflect-Line，TRL）校准方法[96]；基于超宽带同轴线的 T/R 测试，通常使用“直通-开路-短路-匹配”（Through-Open-Short-Match，TOSM）校准方法[97]；基于自由空间的T/R 测试，根据频段选择校准方法。其中，太赫兹频段使用“门-反射-传输线”（Gate-Reflect-Line，GRL）校准[98,99]；低频矩形波导频段使用 TRL 校准；超宽带同轴线频段使用 TOSM 校准；T-O 测试与 T/R 测试的校准方法一致；R-O 测试通常使用“开路-短路-匹配”（Open-Short-Match，OSM）校准[100]。对于 THz-TDS 测试系统，可分别基于标准气室、标准具和单色仪校准[101]。鉴于本书的核心是弥补本征电磁参数提取方法与技术尚存的不足之处，故不再展开介绍测试系统校准。下面详细介绍测试及其 S 参数。

2.2.1　T/R 测试及其 S 参数

T/R 测试如图 1-2 所示。该图适用于矩形波导、同轴线和自由空间测试。两个端口之间的 S 参数可表示为[27]：

$$S_{11}=R_1^2\frac{\Gamma(1-T^2)}{1-\Gamma^2T^2},\tag{2-7}$$

$$S_{22}=R_2^2\frac{\Gamma(1-T^2)}{1-\Gamma^2T^2},\tag{2-8}$$

$$S_{21}=S_{12}=R_1R_2\frac{T(1-\Gamma^2)}{1-\Gamma^2T^2},\tag{2-9}$$

其中，R_1 和 R_2 分别是二端口传输线端口 1 和端口 2 至 MUT 表面的传播因子，T 是 MUT 中的传播因子，Γ 是 MUT 厚度无穷大时 MUT 表面的反射系数。这四个参数可以表示为：

$$R_1=\exp(-\gamma_0L_1),\tag{2-10}$$

$$R_2=\exp(-\gamma_0L_2),\tag{2-11}$$

$$T=\exp(-\gamma L),\tag{2-12}$$

$$\Gamma=\frac{\mu_r\gamma_0-\gamma}{\mu_r\gamma_0-\gamma},\tag{2-13}$$

其中，γ_0 和 γ 分别为空气和 MUT 填充的传输线的传播常数，可以表示为：

$$\gamma_0 = \mathrm{j}\sqrt{\left(\frac{\omega}{c_{\mathrm{lab}}}\right)^2 - \left(\frac{2\pi}{\lambda_c}\right)^2}, \tag{2-14}$$

$$\gamma = \mathrm{j}\sqrt{\frac{\omega^2 \mu_r \varepsilon_r}{c_{\mathrm{vac}}^2} - \left(\frac{2\pi}{\lambda_c}\right)^2}, \tag{2-15}$$

其中，c_{vac}和 c_{lab}分别是真空和实验室的光速，c_{vac}约为 $2.997\,924\,8\times10^8$ m/s，c_{lab}相比 c_{vac}约减小 0.03%，$\omega=2\pi f$ 是角频率，λ_c 是空气填充传输线的主模截止频率。自由空间和同轴线的 λ_c 无穷大，矩形波导 λ_c 根据尺寸确定。部分微波矩形波导尺寸、频段及截止频率如表 2-1 所示[102]。

表 2-1　矩形波导尺寸、空气填充主模截止频率和传播频率

波段	长边尺寸/cm	宽边尺寸/cm	主模截止频率/GHz	主模传播频率/GHz
L	16.510	8.255	0.908	1.12～1.70
W	10.922	5.461	1.372	1.70～2.60
S	7.710	3.403	2.078	2.60～3.95
C	4.754	2.214	3.152	3.95～5.85
X	2.286	1.016	6.557	8.20～12.4
Ku	1.580	0.790	9.485	12.4～18
K	1.067	0.432	14.047	18～26.5
Ka	0.712	0.356	21.071	26.5～40
Q	0.569	0.284	26.342	33.0～50.0

2.2.2　R-O 测试及其 *S* 参数

如图 2-4 所示，R-O 测试与 MUT 位置、MUT 厚度和终端电路相关[17,103,104]。两次测试的反射系数分别为：

$$S_{11(1)} = R_1^2 \frac{-2\rho\delta + [(\delta+1) + (\delta-1)\rho^2]\tanh \gamma L}{2\rho + [(\delta+1) - (\delta-1)\rho^2]\tanh \gamma L}, \tag{2-16}$$

$$S_{11(2)} = R_1^2 \frac{\Gamma(1-T^2)}{1-\Gamma^2 T^2}, \tag{2-17}$$

其中，

$$\rho = \frac{\gamma}{\gamma_0 \mu_r}, \tag{2-18}$$

$$\delta = \exp(-2\gamma_0 \Delta L)。 \tag{2-19}$$

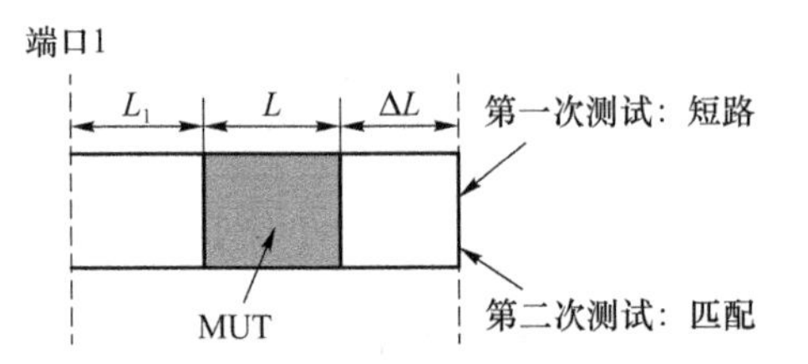

图 2-4　不同终端的反射系数

为了同时提取 MUT 的 ε_r 和 μ_r，通常测试 MUT 在两个位置的短路反射系数、两个厚度 MUT 的短路反射系数或者两种终端电路的反射系数。这些反射系数都可以从方程(2-16)至方程(2-19)推演出来。

2.2.3　T-O 测试及其 *S* 参数

根据 T/R 测试的传输系数 S_{21} 表达式，可以推断出 S_{21} 与 MUT 测试位置无关。因此只测试 S_{21} 的传输法一种 PI 方法。为了同时测量 MUT 的 ε_r 和 μ_r，通常测试两个厚度的 MUT。图 2-5 展示厚度为 L 和 aL 的 MUT 在长度 L_0 的自由空间测试示意图，其中 a 是大于 1 的正数。两个厚度 MUT 的传输系数为：

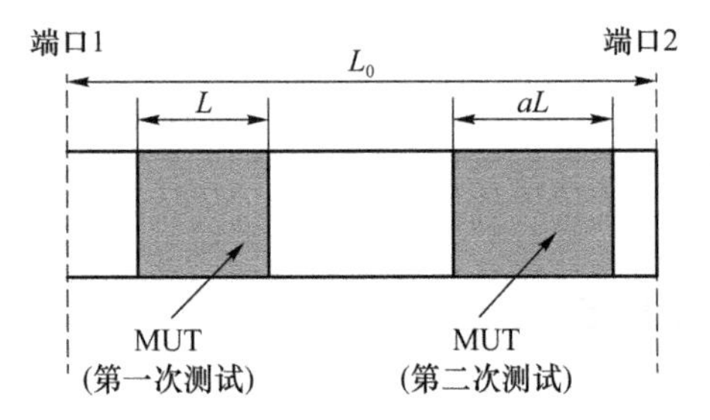

图 2-5　不同厚度 MUT 传输系数测试示意图

$$S_{21(1)}=\exp[-\gamma_0(L_0-L)]\frac{T(1-\Gamma^2)}{1-T^2\Gamma^2},\tag{2-20}$$

$$S_{21(2)}=\exp[-\gamma_0(L_0-aL)]\frac{T^a(1-\Gamma^2)}{1-T^{2a}\Gamma^2}。\tag{2-21}$$

对于自由空间，T 和 Γ 表达式中的传播常数 γ_0 和 γ 简化为：

$$\gamma_0=\mathrm{j}\,\frac{\omega}{c_{\mathrm{lab}}},\tag{2-22}$$

$$\gamma=\mathrm{j}\sqrt{\frac{\omega^2\mu_r\varepsilon_r}{c_{\mathrm{vac}}^2}}。\tag{2-23}$$

2.3 本征电磁参数提取算法

根据上一节提供的测试 S 参数关于 MUT 本征电磁参数的表达式，逆运算提取 MUT 本征电磁参数是 T-PTLM 测量材料微波和太赫兹本征电磁参数的重点和难点。下面着重介绍本书应用到的经典 NRW 解析提取算法、非解析提取算法原理和常用的非解析提取算法。

2.3.1 NRW 解析提取算法

基于 T/R 测试的 T-PTLM 在测量平板材料本征电磁参数时，经典的 NRW 解析提取算法应用过程总结如下[21,22]。首先，从测试 S 参数计算出反射系数 Γ：

$$\Gamma=K\pm\sqrt{K^2-1}, \tag{2-24}$$

其中，

$$K=\frac{S_{11}^2-S_{21}^2+1}{2S_{11}}。 \tag{2-25}$$

方程(2-24)中存在正负号，可以根据 $|\Gamma|\leqslant 1$ 选择出唯一的符号。然后，将 Γ 用于计算传播因子 T：

$$T=\frac{(S_{11}+S_{21})-\Gamma}{1-(S_{11}+S_{21})\Gamma}。 \tag{2-26}$$

从 Γ 和 T 中计算出 MUT 的 μ_r 和 ε_r：

$$\mu_r=\frac{1+\Gamma}{\Lambda(1-\Gamma)\sqrt{\left(\frac{1}{\lambda_0}\right)^2-\left(\frac{1}{\lambda_c}\right)^2}}, \tag{2-27}$$

$$\varepsilon_r=\frac{\lambda_0^2\left(\frac{1}{\Lambda^2}+\frac{1}{\lambda_c}\right)}{\mu_r}, \tag{2-28}$$

其中，λ_0 是空气填充的自由空间电磁波的波长，Λ 来自以下方程：

$$\frac{1}{\Lambda^2}=-\left[\frac{1}{2\pi L}\ln\left(\frac{1}{T}\right)\right]^2。 \tag{2-29}$$

从方程(2-26)可以看出，传播因子 T 是复数，其相位具有周期特性。因此，从方程(2-29)计算出的 Λ 有无穷多个解，进而导致 MUT 的 μ_r 和 ε_r 有无穷多个解。

为此，Weir 提出了比较群延时方法[22]。假设在非常小的频率增量的情况下，μ_r 和 ε_r 的变化忽略不计，那么每个频点的群延时可以计算为：

$$\tau_{gn}=L\cdot\frac{d}{df}\left[\left(\frac{\varepsilon_r\mu_r}{\lambda_0^2}-\frac{1}{\lambda_c^2}\right)_n^{1/2}\right], \tag{2-30}$$

其中，n 表示该计算结果来自方程(2-25)和方程(2-26)的第 n 个解。测试群延时是传播因子 T 的相位随频率变化的斜率：

$$\tau_g=\frac{1}{2\pi}\frac{d(-\phi)}{df}, \tag{2-31}$$

其中，ϕ 是 T 的相位，单位为弧度。当 $n=k$，$\tau_g-\tau_{gk}\simeq 0$ 时，方程(2-27)和方程(2-28)第 k 个解为正确的解。需要特别指出的是，该方法只适用于低色散材料。

除了上述相位模糊导致的多解问题外，NRW 解析提取算法在 MUT 低损耗且厚度为 MUT 内电磁波半波长整数倍时，提取的 ε_r 和 μ_r 存在谐振。这是因为此种情况下的 S_{11} 接近于 0 且不确定度极大，导致方程(2-25)中的 K 存在谐振。

需要特别指出的是，NRW 解析提取算法很经典，被广泛应用，但是在应用时也需要避免使用错误。比如，文献[23]将传播因子 P 的解析式误写成：

$$P=\frac{S_{11}-S_{21}+\Gamma}{1-(S_{11}+S_{21})\Gamma}, \tag{2-32}$$

将与 Λ 相关的解析式误写成：

$$\frac{1}{\Lambda}=-\left[\frac{1}{2\pi L}\ln\left(\frac{1}{T}\right)\right]^2。 \tag{2-33}$$

文献[24]将 ε_r 的解析式误写成[105]：

$$\varepsilon_r=\frac{\lambda_0^2\left[\left(\frac{j}{2\pi L}\ln(T)\right)^2-\frac{1}{\lambda_c^2}\right]}{\mu_r}。 \tag{2-34}$$

本书建议，在使用 NRW 算法之前，根据方程(2-7)至方程(2-15)详细推导 NRW 解析算法的各个公式，可有效避免错误使用算法。此外，为了更进一步理解 NRW 解析提取算法，可使用信号流图推导方程(2-7)至方程(2-15)[87]。

2.3.2 非解析提取算法原理

当 MUT 的本征电磁参数不能直接从测试 S 参数中解析提取时，通常使用数值计算或者人工智能(Artificial Intelligence，AI)方法。只要测试足够多独立的 S 参数，就可以使用非解析方法提取出 MUT 的本征电磁参数。比如，短路 R-O 和

T-O 测试都通过迭代或者 AI 技术求解出 MUT 的 ε_r[75,86]；四参数迭代算法同时使用 S_{11}、S_{22}、S_{12} 和 S_{21} 做迭代运算，不仅迭代求解出 MUT 的 ε_r 和 μ_r，还消除了 MUT 测试位置对本征电磁参数提取的影响[25,27]。此外，短路 R-O 测试 MUT 两个甚至多个位置 S 参数[106]、T-O 测试两个厚度 MUT[17]、同时短路 R-O 和 T/R 测试 MUT 等都可以非解析求解出 MUT 的 ε_r 和 μ_r[33]。

2.3.3 非解析提取算法——牛顿-拉夫逊迭代

牛顿-拉夫逊(Newton-Raphson，NR)迭代算法在材料本征电磁参数提取中得到广泛应用[108-110]。NR 迭代算法是一种导数算法，其具体步骤如下[111]：1)设函数 $f(x)=0$ 的根为 r，选 r 附近 x_0 为 $f(x)=0$ 的近似解，过点$(x_0,f(x_0))$作 $y=f(x)$ 的切线，切线与 x 轴交于 $x_1=x_0-f(x_0)/f'(x_0)$；2)再过点$(x_1,f(x_1))$作 $y=f(x)$的切线，确定下一个与 x 轴的交点；3)重复上一步，直到两个交点的差值满足误差范围，停止作切线，最后一个与 x 轴的交点即为解。需要特别指出的是，NR 迭代算法在初值估计准确的情况下才有效，否则收敛错误甚至不收敛。对于本征电磁参数提取，x 为待测本征电磁参数实部及虚部，y 为测试 S 参数实部及虚部，f 为 2.2 节中的 S 参数表达式。

2.3.4 非解析提取算法——非线性最小二乘拟合

非线性最小二乘拟合(NLSF)算法作为一种迭代算法也在材料电磁参数提取中得到广泛应用[112-114]。NLSF 原理为求解 x 使得 $\min\limits_x \|F(x,x_{\text{data}})-y_{\text{data}}\|_2^2=\min\limits_x \sum\limits_i (F(x,x_{\text{data}_i})-y_{\text{data}_i})^2$，其中输入数据是 x_{data} 和 y_{data}，F 是已知函数，i 是数据的维度。对于本征电磁参数提取，x_{data} 为待测本征电磁参数实部及虚部，y_{data} 为测试 S 参数实部及虚部，F 为 2.2 节中的 S 参数表达式。

2.3.5 非解析提取算法——人工神经网络

随着 AI 技术的发展，机器学习(Machine Learning，ML)在材料本征电磁参数提取方面逐渐崭露头角[115-119]。ANN 作为一种 ML 方法[118]，近年来在材料本征电磁参数提取方面备受关注。图 2-6 展示了一种常用的 ANN 结构："反向传播神经网络”(Back Propagation Neural Network,BPNN)。通常,隐藏层节点激活函数为 sigmoid[120]:

$$f(\cdot)=\text{sigmoid}(x)=\frac{1}{1+\mathrm{e}^{-x}}。\tag{2-35}$$

根据非解析提取算法原理,BPNN 输入层为频率、S 参数实部及虚部,输出层为待测本征电磁参数实部及虚部。输入层神经元数量由测试 S 参数确定,即二端口传输线的测试方法确定。输出层神经元数量由待测本征电磁参数确定。模型中的隐藏层和隐藏层节点数量由训练过程确定。通常,将 BPNN 输入设置为测试频率、$\mathrm{Re}\{S_{11}\}$、$\mathrm{Im}\{S_{11}\}$、$\mathrm{Re}\{S_{21}\}$ 和 $\mathrm{Im}\{S_{21}\}$,输出设置为待测本征电磁参数,即 $\varepsilon'_{\mathrm{r}}$、$\varepsilon''_{\mathrm{r}}$、$\mu'_{\mathrm{r}}$ 或 μ''_{r}。训练和测试过程的误差函数选取均方误差(Mean Square Error, MSE)[121]:

$$\mathrm{MSE}=\frac{1}{M}\sum_{i=1}^{M}(\boldsymbol{o}_i-\boldsymbol{t}_i)^2,\tag{2-36}$$

其中,o_i 和 t_i 分别是 ANN 输出的本征电磁参数和理想的本征电磁参数。当测试和训练 MSE 均小于设置阈值时,BPNN 建立完毕。

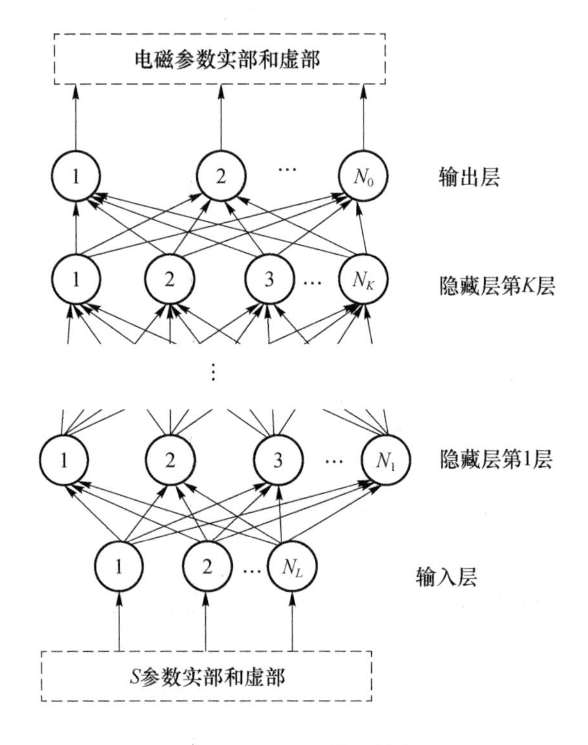

图 2-6 BPNN 模型结构

本章小结

本章的内容主要介绍了基于 T/R、R-O 和 T-O 测试的 T-PTLM 测量材料微波和太赫兹本征电磁参数的相关理论和技术。需要特别指出的是，作为经典且应用广泛的算法之一，NRW 解析提取算法的公式形式及成立的前提条件需特别注意。在后续的章节中，我们将以本章介绍的理论和技术为基础，全面解决 T-PTLM 主流提取方法与技术尚存不足的问题。

第3章

T/R 测试单层材料的 T-PTLM 研究

如绪论所述，基于 T/R 测试的 T-PTLM 在提取单层平板材料本征电磁参数方面存在三个不足之处，即复介电常数提取多解、谐振和受到 MUT 测试位置影响。经分析，本书作者确定了优化提取方法的两个研究方向：1）完善解析提取的去谐振理论；2）同时弥补三个不足。本章将对上述两个方向进行研究，并使用测试和仿真证明提出的方法相比文献报道的提取方法更具有优势。本章组织结构如图 3-1 所示。

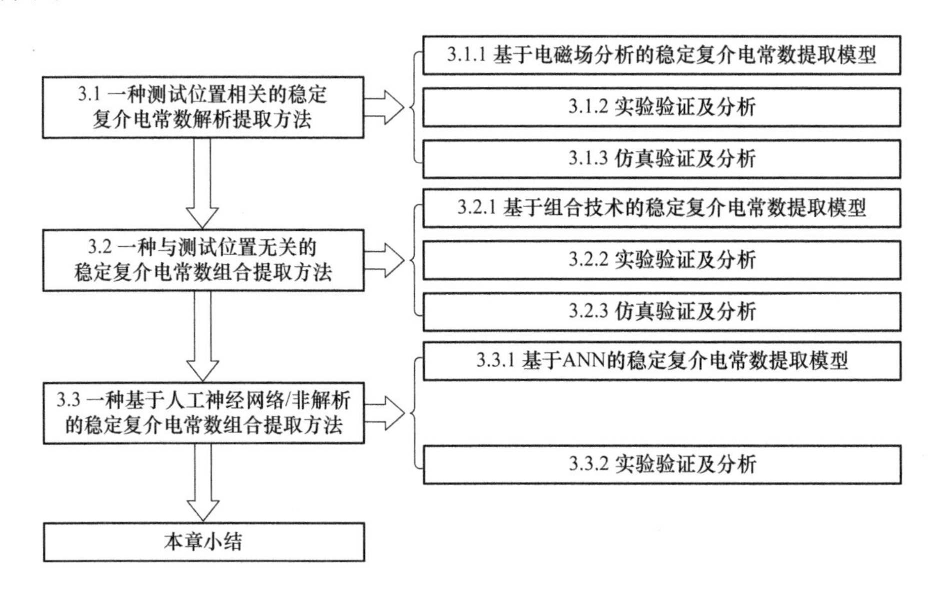

图 3-1 第 3 章组织结构

3.1 一种测试位置相关的稳定复介电常数解析提取方法

本节基于电磁场理论，提出了一种从 T/R 测试 S_{11} 和 S_{21} 中解析提取单层平板复介电常数的方法[122]。解析过程旨在抑制 Fabry-Perot 谐振处 S_{11} 对复介电常数提取的影响，提取稳定且唯一的复介电常数。本方法旨在解决解析提取方面尚存的去谐振理论不完善问题。为此，以常出现的复介电常数提取谐振问题的毫米波频段(30～300 GHz)自由空间 T/R 测试提取低损耗平板材料复介电常数的研究为例，展示提出的方法。本节将使用 220～325 GHz 自由空间 T/R 测试和仿真验证提出的方法的可行性和优势。

3.1.1 基于电磁场分析的稳定复介电常数提取模型

图 3-2 展示了基于 VNA 的毫米波自由空间 T/R 测试系统。在测试过程中，将平板 MUT 放置在两个校准参考面之间，测试出两个校准参考面之间的 S 参数。需要特别指出的是，MUT 需要足够大，以保证电磁波穿过 MUT 时产生的边界绕射可被忽略[123]。此外，MUT 与两个喇叭天线之间距离需要足够大，以实现远场条件，即 MUT 附近是 TEM 模式电磁波。

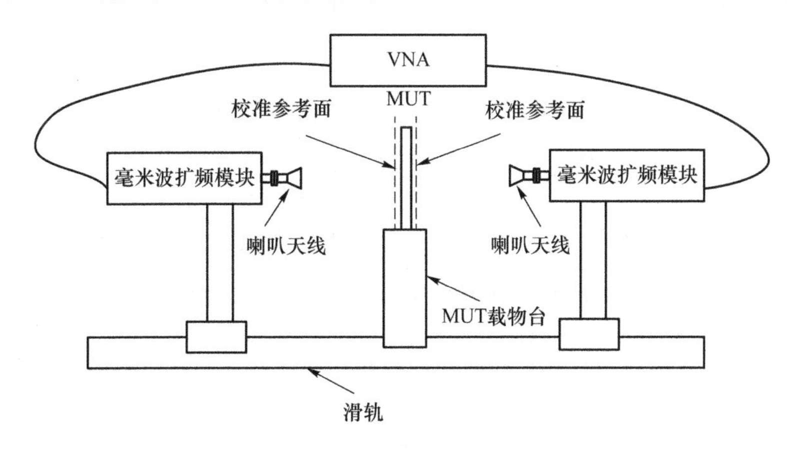

图 3-2 基于 VNA 的毫米波自由空间 T/R 测试系统示意图

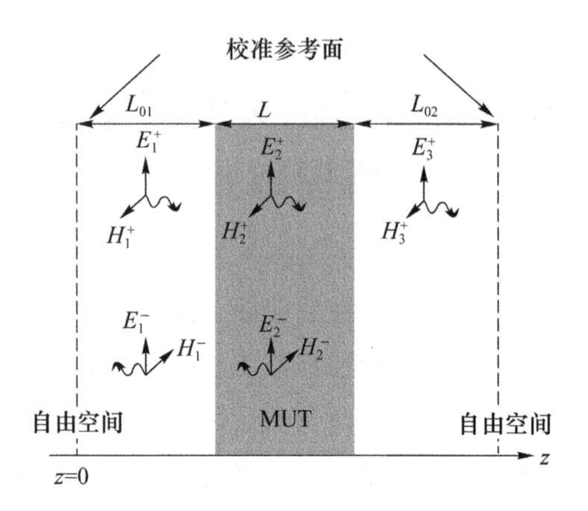

图 3-3 校准参考面间传输和反射的 TEM 模式电磁波
（在介质交界面处会发生多次反射，为了方便进行电磁场分析，
将每层材料内的相同传播方向的电磁波写为一个整体[124]）

为了从测试的 S 参数中提取出 MUT 稳定的复介电常数，本书基于自由空间电磁场分量方程、边值关系和 S 参数基本理论，对校准参考面之间的电磁场做了分析。图 3-3 展示了校准参考面之间的电磁场。其中，MUT 是厚度为 L 的介电平板材料。对于介电材料，其相对复磁导率 $\mu_r=1$。我们定义入射波沿 z 轴正方向传播，反射波沿 z 轴负方向传播。E_1^+ 和 E_1^- 是 $z=0$ 平面处空气中的入射和反射电场分量，E_2^+ 和 E_2^- 是 $z=L_{01}$ 平面处 MUT 中的入射和反射电场分量，E_3^+ 是 $z=L_{01}+L$ 平面处空气中的入射电场分量。根据 MUT 和空气交界面处切向电场分量和磁场分量分别相等[90]，可得到下述方程(3-1)至方程(3-4)。

在 $z=L_{01}$ 交界面处：

$$E_1^+ \mathrm{e}^{-\mathrm{j}\beta_0 L_{01}} + E_1^- \mathrm{e}^{\mathrm{j}\beta_0 L_{01}} = E_2^+ + E_2^-, \tag{3-1}$$

$$\frac{E_1^+}{Z_0}\mathrm{e}^{-\mathrm{j}\beta_0 L_{01}} - \frac{E_1^-}{Z_0}\mathrm{e}^{\mathrm{j}\beta_0 L_{01}} = \frac{E_2^+}{Z_\mathrm{d}} - \frac{E_2^-}{Z_\mathrm{d}}, \tag{3-2}$$

其中，$\beta_0=w\sqrt{\mu_0\varepsilon_0}$ 是空气填充的自由空间的相位常数，$w=2\pi f$ 是角频率，$Z_0=120\pi$ 和 $Z_\mathrm{d}=Z_0/\sqrt{\varepsilon_r}$ 分别是空气和电介质 MUT 填充的自由空间的特征阻抗。

在 $z=L_{01}+L$ 交界面处：

$$E_2^+ \mathrm{e}^{-\gamma L} + E_2^- \mathrm{e}^{\gamma L} = E_3^+, \tag{3-3}$$

$$\frac{E_2^+}{Z_\mathrm{d}}\mathrm{e}^{-\gamma L} - \frac{E_2^-}{Z_\mathrm{d}}\mathrm{e}^{\gamma L} = \frac{E_3^+}{Z_0}, \tag{3-4}$$

其中，γ 是 MUT 填充的自由空间的传播常数，表达式为：

$$\gamma = \mathrm{j}\omega\sqrt{\mu_0 \varepsilon_r \varepsilon_0}。\tag{3-5}$$

方程(3-1)至方程(3-4)已将校准参考面内电磁场边值关系建立,下面建立测试的 S_{11}、S_{21} 与电磁分量的关系。根据 S 参数的定义,两个校准参考面之间的 S_{11} 和 S_{21} 可以表示为[87,88]:

$$S_{11} = \frac{E_1^-}{E_1^+},\tag{3-6}$$

$$S_{21} = \frac{E_3^+ \mathrm{e}^{-\mathrm{j}\beta_0 L_{02}}}{E_1^+}。\tag{3-7}$$

根据传输线理论,MUT 的 S 参数可从测试 S 参数计算出来,结果为:

$$S_{11\mathrm{MUT}} = \frac{E_1^- \mathrm{e}^{\mathrm{j}2\beta_0 L_{01}}}{E_1^+},\tag{3-8}$$

$$S_{21\mathrm{MUT}} = \frac{E_3^+ \mathrm{e}^{\mathrm{j}\beta_0 L_{01}}}{E_1^+}。\tag{3-9}$$

至此,基于基础理论的相关方程全部建立。联立方程(3-1)和方程(3-9)得:

$$\mathrm{e}^{\gamma L} + \mathrm{e}^{-\gamma L} = \frac{1 - S_{11\mathrm{MUT}}^2 + S_{21\mathrm{MUT}}^2}{S_{21\mathrm{MUT}}}。\tag{3-10}$$

可以看出,通过方程(3-10)计算出的 γ 是稳定的,具体依据见以下分析。对于 NRW 提取算法,在应用过程中存在一个不稳定变量 χ:

$$\chi = \frac{S_{11\mathrm{MUT}}^2 - S_{21\mathrm{MUT}}^2 + 1}{2S_{11\mathrm{MUT}}}。\tag{3-11}$$

χ 的不稳定是 NRW 算法提取结果不稳定的根源。这是因为,在低损耗 MUT 的厚度是 MUT 内电磁波半波长的整数倍时,$|S_{11\mathrm{MUT}}|$ 非常小,导致其测量不确定度非常大。而 NRW 算法中 χ 却正比于 $1/S_{11\mathrm{MUT}}$,因此在 $S_{11\mathrm{MUT}} \to 0$ 时,NRW 算法的提取结果不稳定[25]。而在本节提取的方程(3-10)中,低损耗 MUT 的 $S_{11\mathrm{MUT}}$ 接近 0 时,$S_{21\mathrm{MUT}}$ 约为 1,因此 $1 - S_{11\mathrm{MUT}}^2 + S_{21\mathrm{MUT}}^2 \approx 1 + S_{21\mathrm{MUT}}^2$。所以 $S_{11\mathrm{MUT}}$ 接近 0 时,其对 $\mathrm{e}^{\gamma L} + \mathrm{e}^{-\gamma L}$ 的影响非常小,甚至可以忽略,因此 $\mathrm{e}^{\gamma L} + \mathrm{e}^{-\gamma L}$ 稳定。γ 可通过反双曲函数从方程(3-10)中求得。但是需要指出的是,γ 存在多解。可使用 NRW 算法中比较群延时的方法[22],也可以应用 MUT 介电特性,协助筛选出唯一正确的 γ。为了应用以上两个确定唯一值的方法,需要借助 MUT 的 μ_r。本节推导出其表达式为:

$$\mu_r = \frac{\gamma[2S_{21\mathrm{MUT}} - (1 + S_{11\mathrm{MUT}})(\mathrm{e}^{-\gamma L} + \mathrm{e}^{\gamma L})]}{\mathrm{j}\beta_0(1 - S_{11\mathrm{MUT}})(\mathrm{e}^{-\gamma L} - \mathrm{e}^{\gamma L})}。\tag{3-12}$$

确定 γ 后，重组方程(3-5)，确定 MUT 的 ε_r 为：

$$\varepsilon_r=\frac{-\gamma^2}{\omega^2\mu_0\varepsilon_0}。\tag{3-13}$$

3.1.2 实验验证及分析

图 3-4 展示了用于验证提出的优化提取算法模型的 220～325 GHz 自由空间 T/R 测试系统。本测试系统的 VNA 型号为安捷伦(Agilent Technologies) N5225A，毫米波扩频模块型号为中国电子科技集团公司第 41 研究所(The 41st Institute of China Electronic Technology Corporation)的 AV3649A，喇叭天线类型为角锥喇叭天线，每个喇叭天线的后面放置了大面积的吸波材料，以阻止不必要的反射[124]。喇叭天线距离样品载物台中心约 50 cm，以保证远场条件。

图 3-4　220～325 GHz 自由空间 T/R 测试系统(正在测试一块 Teflon 平板)

测试第一步是校准测试系统。首先使用标准的 TRL 校准技术校准两个扩频模块，然后使用标准的 GRL 校准技术校准整个测试系统[125]。由于 Reflect 校准件是厚度为 6 mm，长、宽都为 180 mm 的抛光后的金属板，所以测试参考面间距为 6 mm。因此，MUT 的长和宽都加工成 180 mm，MUT 的厚度不得超过 6 mm。实验室验证表明，这种系统设置满足理论分析需求。本小节的目的是验证提出的优化提取方法，因此未详细分析实验细节。

校准后，首先测试厚度为 6 mm 的空气的 S 参数，结果如图 3-5 所示。可以看出，在 220 GHz、273 GHz 和 325 GHz 频率处出现奇异的峰值，这是由校准误差引起的。因此，在这三个频点的提取结果不准确。除此之外，S_{11} 的 dB 值在整个测试频段都很小，相位十分混乱；S_{21} 的 dB 值在整个测试频段都接近 0，相位随频率线性变化。这是匹配的二端口传输线的标准 S 参数。因此判断出，在忽略噪声的前提下，校准有效。

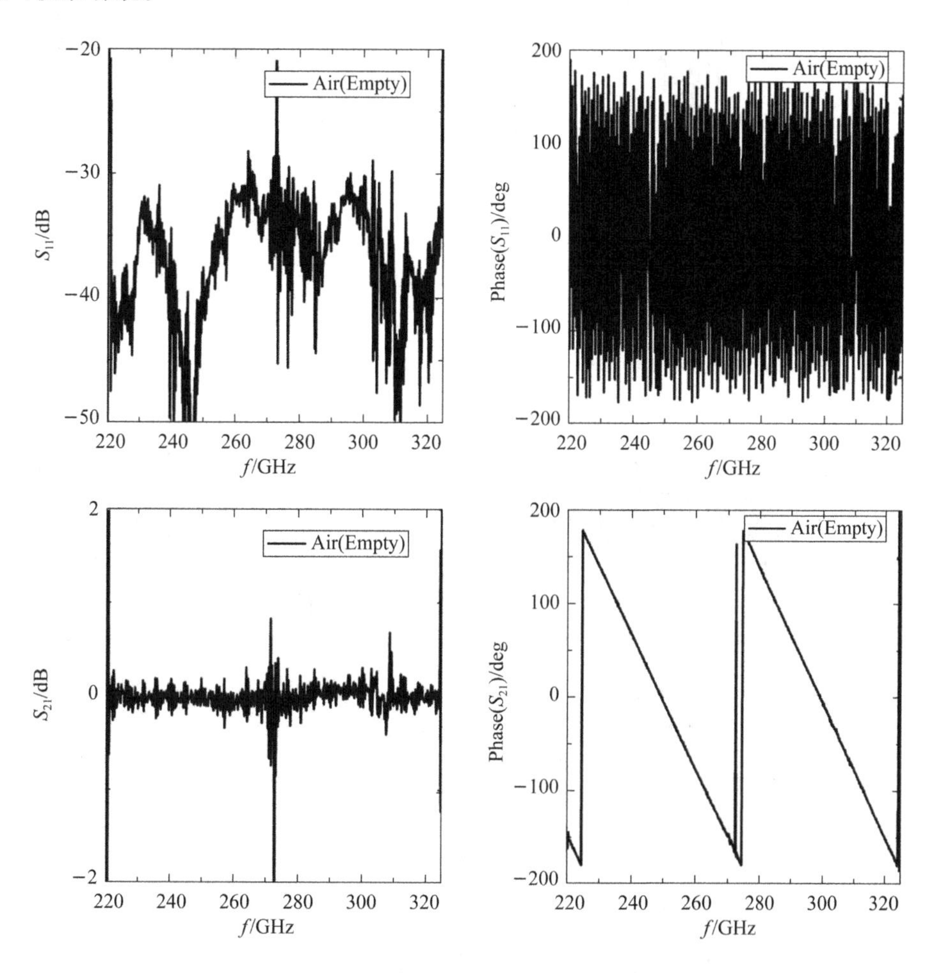

图 3-5　6 mm 厚度空气的 S 参数

之后，测试厚度 2 mm Teflon 平板的 S 参数，其中 L_{01} 为 4 mm，L_{02} 为 0，结果如图 3-6 所示。通过 S_{11} 的 dB 值曲线可以看出，在 270 GHz 和 320 GHz 频率附近，Teflon 内部发生 Fabry-Perot 谐振。S 参数整体的测试结果十分波动，且在校准不准确的三个频点出现奇异值。但是对于 220～325 GHz 毫米波频段自由空间测试的 S 参数来说，如此的波动程度是可以接受的[126]。鉴于实验测试目的是验证提出方法的优势，在满足目的需求的前提下，并没有大力优化测试。

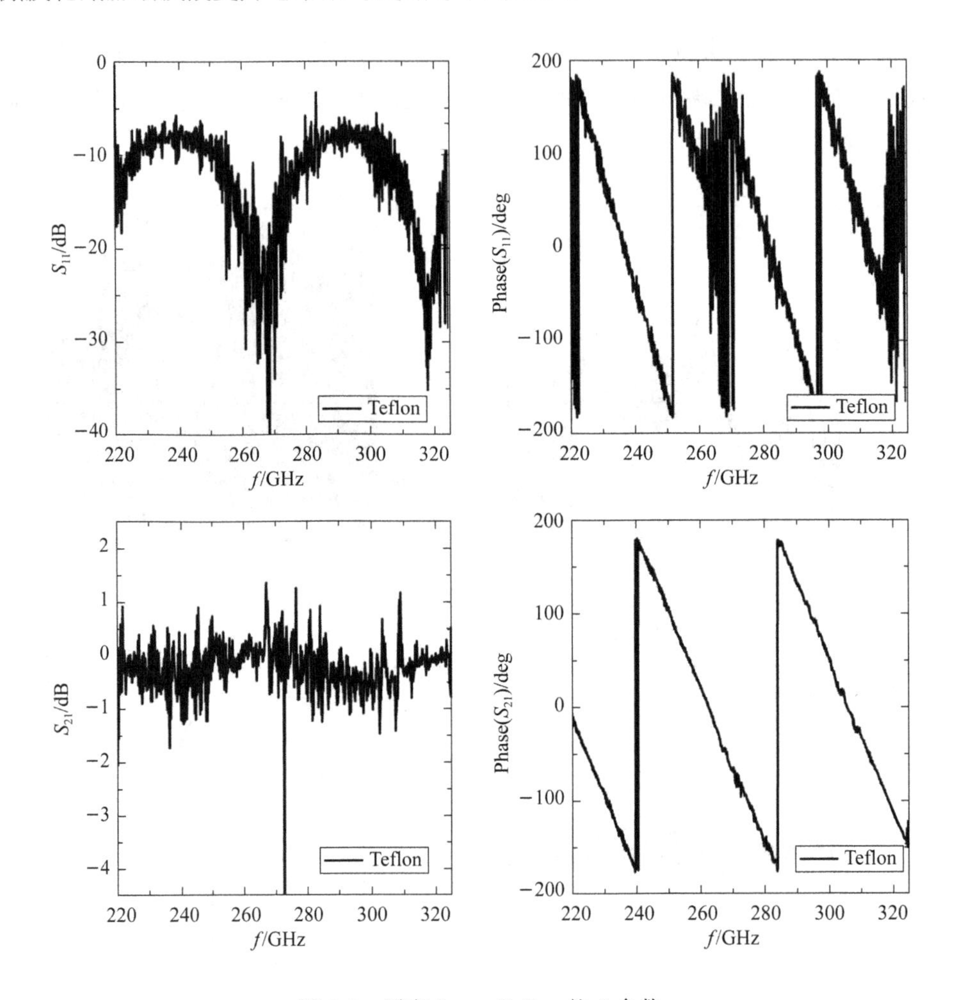

图 3-6 厚度 2 mm Teflon 的 S 参数

测试完成后，分别使用经典的非迭代提取方法（NRW 提取算法[22]）、典型的迭代提取方法（NR 迭代提取算法[80]）和本节提出的方法处理空气和 Teflon 的测试 S 参数。NRW 提取算法和本节提出的方法的对比结果如图 3-7 和图 3-8 所示。可以看出，NRW 算法的提取结果存在明显的谐振；Teflon 复介电常数提取结果在 Fabry-Perot 频率附近存在谐振；空气复介电常数提取结果在厚度为电磁波半波长整数倍的频率处存在谐振，谐振频点为 225 GHz、250 GHz、275 GHz、300 GHz 和 325 GHz，对应的半波长倍数为 9、10、11、12 和 13。相比之下，本节提出的方法提取的复介电常数在整个测量频段内稳定且准确。NR 迭代提取算法和本节提出的方法的对比结果如图 3-9 所示。可以看出，在初值不同的情况下，NR 迭代提取算法的收敛结果不同。相比之下,本节提出方法具有不依赖初值的优势。

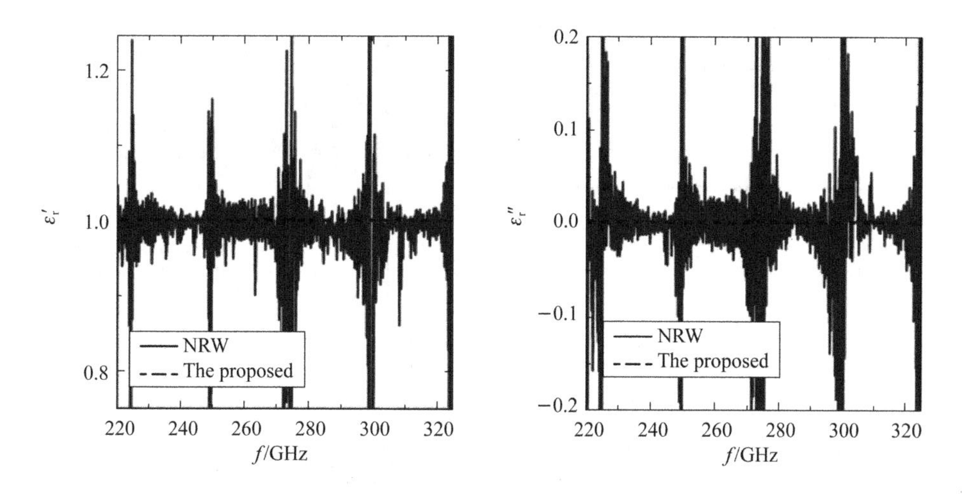

图 3-7 对比 NRW 提取算法和本节提出的方法提取的空气复介电常数

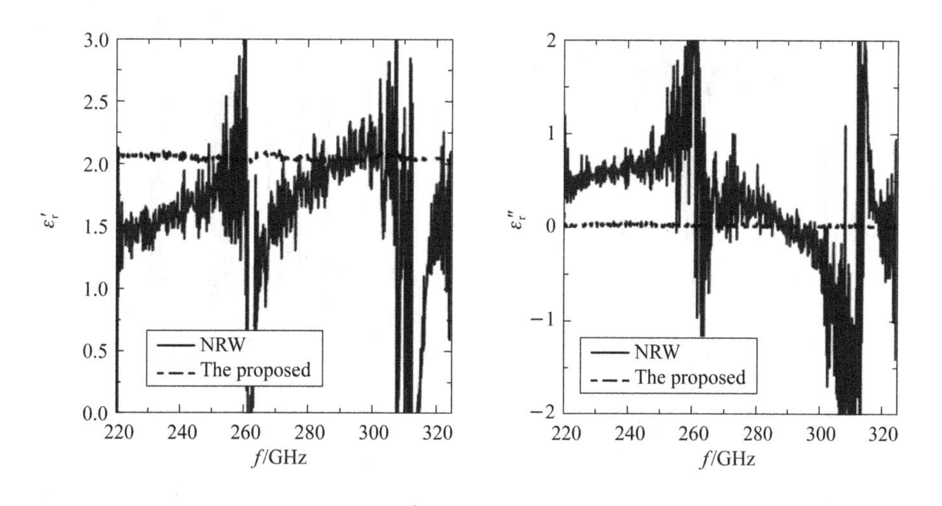

图 3-8 对比 NRW 提取算法和本节提出的方法提取的 Teflon 复介电常数

为了进一步验证提出的方法,本节又测试了厚度为 5 mm 的聚四氟乙烯(Poly Tetra Fluoroethylene,PTFE)和厚度为 0.762 mm 的 Rogers 4350B 板材的 S 参数。两种材料的测试位置 L_{02} 均为 0。测量 S 参数如图 3-10 和图 3-11 所示,表明两种材料内部都发生 Fabry-Perot 谐振。对于 PTFE,谐振频点在 220 GHz、241 GHz、264 GHz、285 GHz 和 308 GHz 附近。对于 Rogers 4350B,谐振频点在 310 GHz 附近。

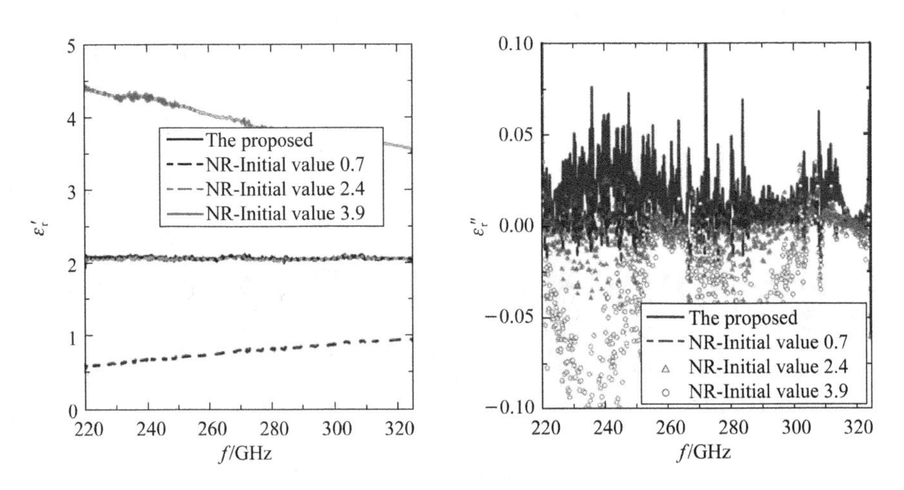

图 3-9　对比 NR 迭代提取算法和本节提出的方法提取的 Teflon 的复介电常数

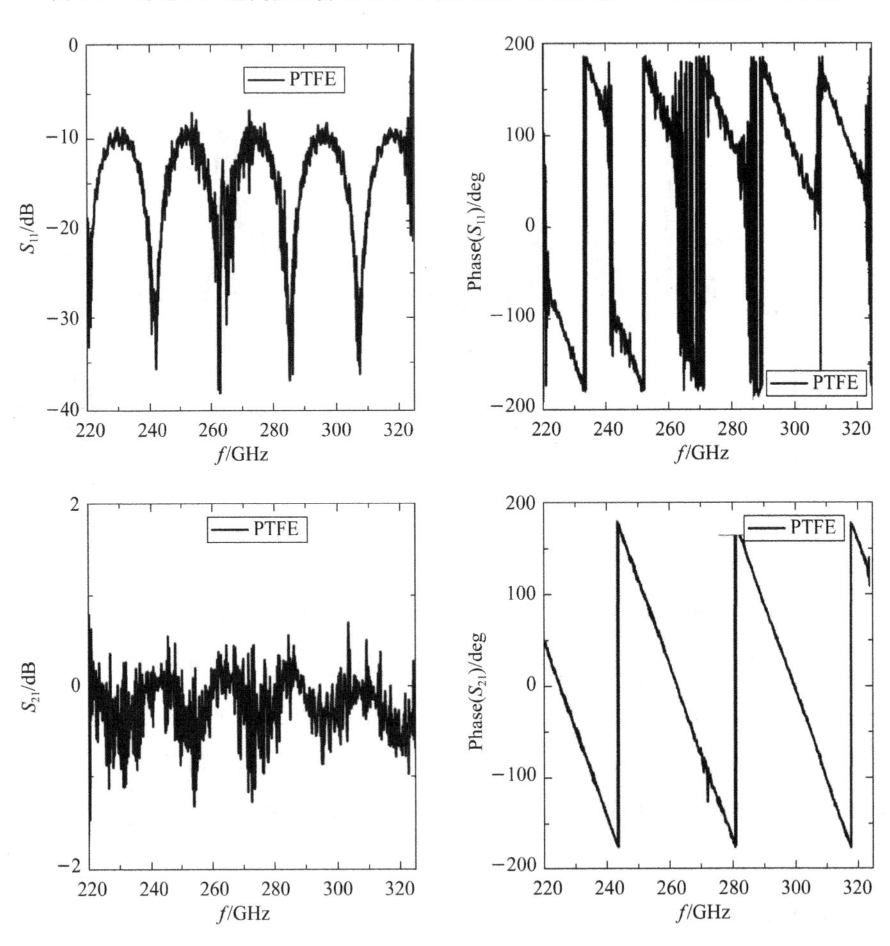

图 3-10　5 mm 厚度 PTFE 的 S 参数

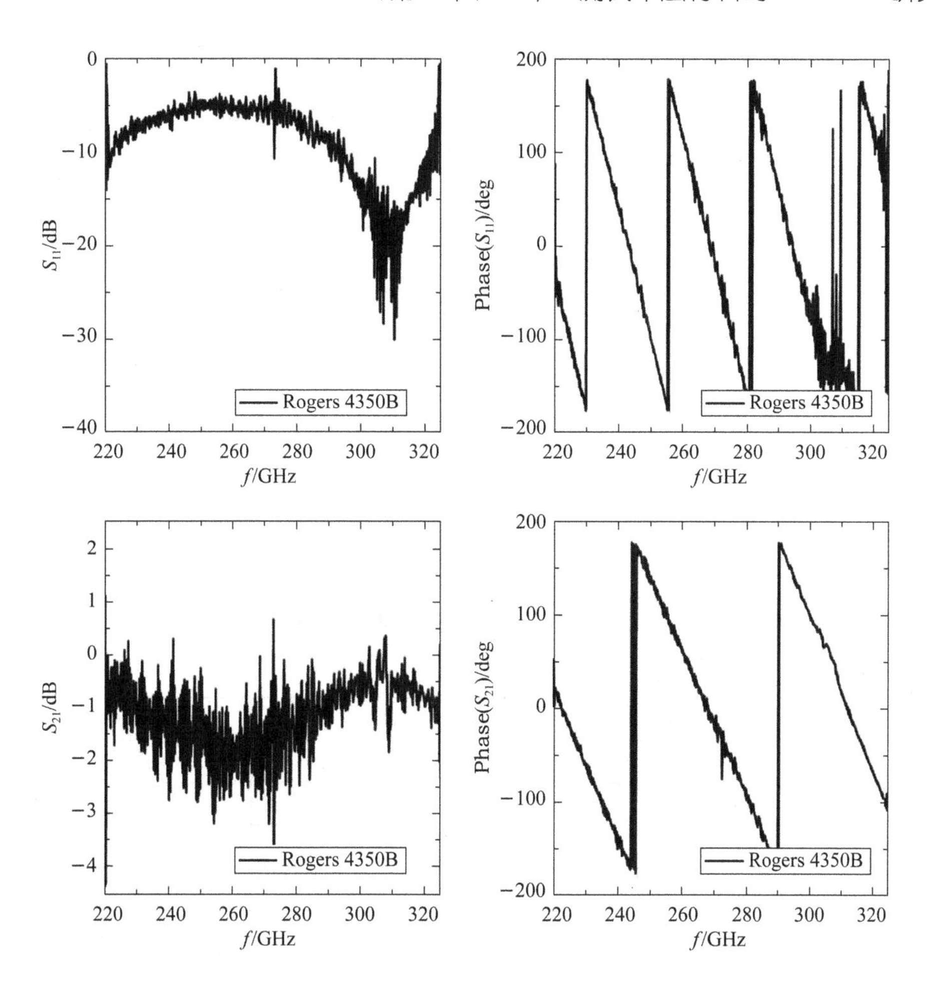

图 3-11 0.762 mm 厚度 Rogers 4350B 板材的 S 参数

如图 3-12 所示，尽管测试 S 参数存在 Fabry-Perot 谐振，但是四种低损耗 MUT 的介电常数提取结果都是稳定的。为了证明提取结果合理，对比文献中的数据与本节的提取结果，对比结果如表 3-1 所示。可以看出，本节提出的方法的提取结果与文献中的数据吻合，证明提出的方法是有效的。需要特别指出的是，由于测试数据不理想，导致 ε''_r 提取结果不准确，因此没有使用文献数据对比本节提取的 ε''_r。为了进一步验证提出方法的有效性，下面将使用仿真数据进行验证。

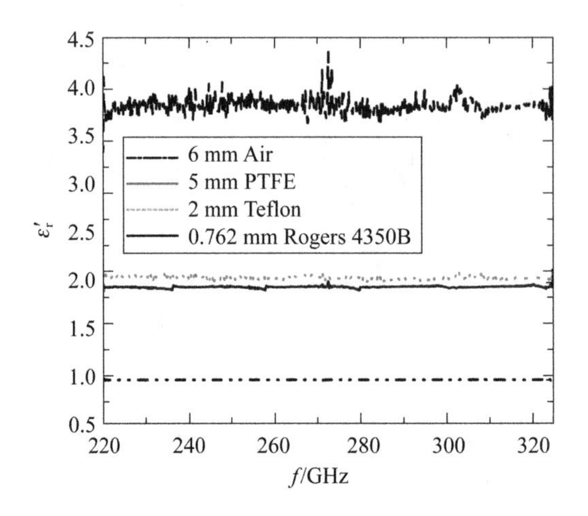

图 3-12　本节提出方法提取的四个样品介电常数

表 3-1　对比本书提取结果和文献中数据

材料	f/GHz	ε_r'	数据来源
Teflon	110	2.04	文献[73]
	850	2.042	文献[127]
	300	2.053 5	文献[127]
	300	2.044 2	本节
PTFE	450	1.99	文献[128]
	35	1.952	文献[127]
	300	1.952 3	本节
Rogers 4350B	30	3.71	Rogers 数据表
	300	3.769 2	本节
Air	300	1.002 1	本节

3.1.3　仿真验证及分析

本节提出的基于电磁场分析的稳定复介电常数提取方法重点在于优化提取技术，因此没有系统地研究测试。本节使用的毫米波自由空间 T/R 测试系统没有使用导波元器件(如透镜、反射镜)，导致很难避免 MUT 边界散射。因此，测试的数据中包含了很多的噪声，导致 ε_r'' 没有被准确地提取出来。为此，本节使用仿真数据进一步验证提出的方法，证明本节的方法可同时提取稳定准确的 ε_r' 和 ε_r''。

根据 Bourreau Daniel 等人提出的自由空间测试仿真方法[128]，本节从 ε_r 计算自由空间测试的 S 参数。此外，本节还结合了 NIST 的 Houtz Derek A. 等人提出的参考面误差仿真方法[33]，仿真出具有 Air-Gap 误差的 S 参数。仿真材料的相对复介电常数设置为 $\varepsilon_r=2.05-j0.01$，位置误差设置为 1 μm，仿真频段设置为 220～325 GHz。如图 3-13 所示，仿真材料在 262 GHz 和 312 GHz 附近发生 Fabry-Perot 谐振。

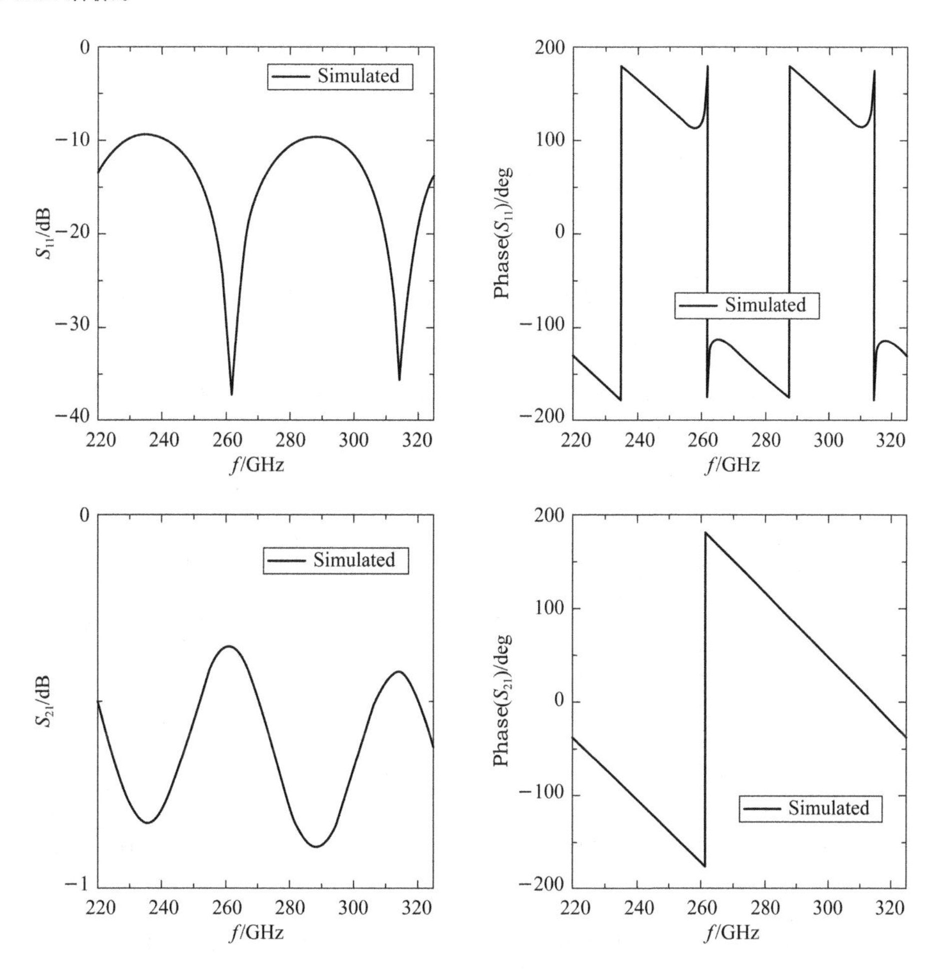

图 3-13 2 mm 仿真材料的 S 参数

分别使用 NRW、NR 和本节提出的方法处理仿真 S 参数，提取结果如图 3-14 和图 3-15 所示。与仿真设置数值对比表明，NRW 方法存在的谐振问题导致复介电常数提取结果错误,NR 方法存在的初值依赖问题导致复介电常数提取多解,本节方法的提取结果与仿真设置值吻合但存在极小的误差。这极小的误差是位置误差导致的,因此很合理。可以看出,仿真结果展示了本节提出的方法的可行性和优势。

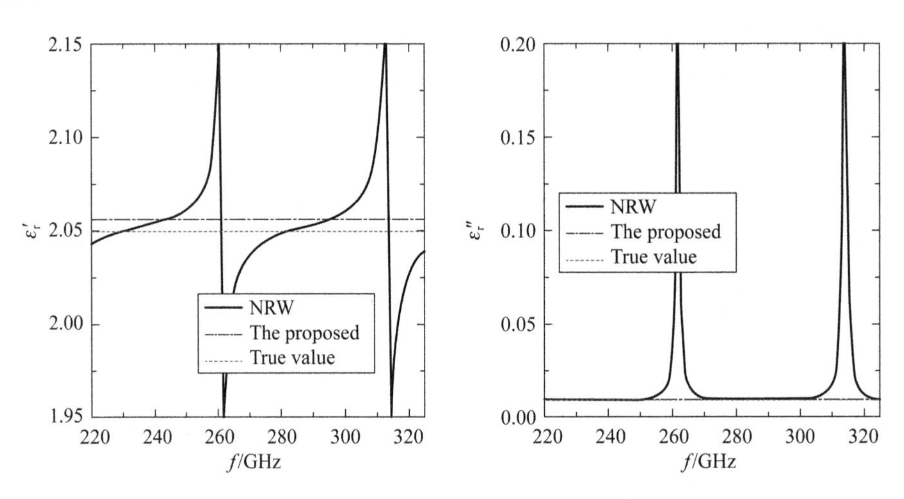

图 3-14 NRW 方法和本节提出的方法提取的仿真材料的复介电常数

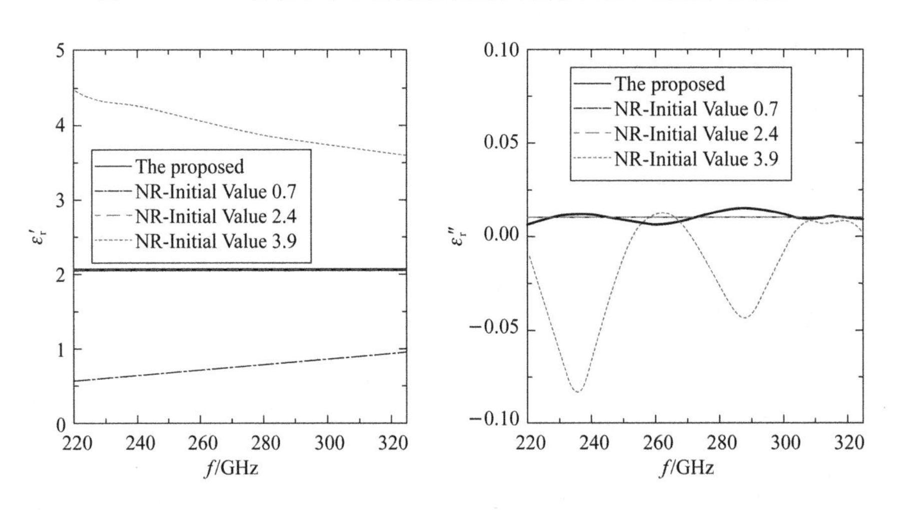

图 3-15 NR 方法和本节提出的方法提取的仿真材料的复介电常数

需要特别指出的是,本节提出的提取方法针对低损耗材料,但是在测试 S_{21} 高于测试系统测量阈值的前提下,该方法也能应用于损耗材料[76]。之所以考虑测量阈值,是因为当 $|S_{21}|$ 小于设备测量阈值时,其测试误差会非常大。根据方程(3-10),此时正比于 $1/S_{21}$ 的($e^{\gamma L}+e^{-\gamma L}$)存在很大的误差,导致提取的 ε_r 误差大。为此,仿

真厚度为 5 mm,ε_r' 为 11.9,ε_r'' 分别为 0.01、0.1 和 0.5 的三个样品,证明提出方法适用于损耗材料。仿真的参考面误差仍然为 1 μm,仿真频率为 220～325 GHz。

如图 3-16 所示,仿真 S_{21} 的 dB 值表明,ε_r'' 分别为 0.01 和 0.1 的两块仿真样品发生 Fabry-Perot 谐振,ε_r'' 为 0.5 的仿真样品没有发生 Fabry-Perot 谐振,但是所有的 S_{21} 都大于 −40 dB,因此仿真数据可以准确测得[76]。使用本节提出的方法处理这些仿真数据。如图 3-17 所示,提取结果与真实值吻合。因此本节提出方法也适用于损耗材料。

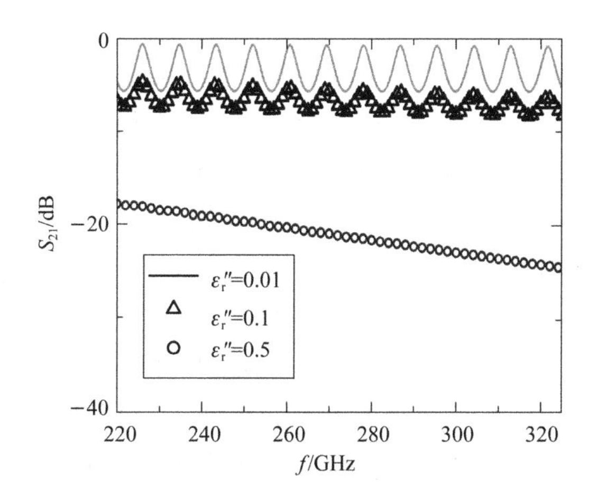

图 3-16 介电常数为 11.9、厚度为 5 mm,损耗不同的仿真材料的 S_{21}

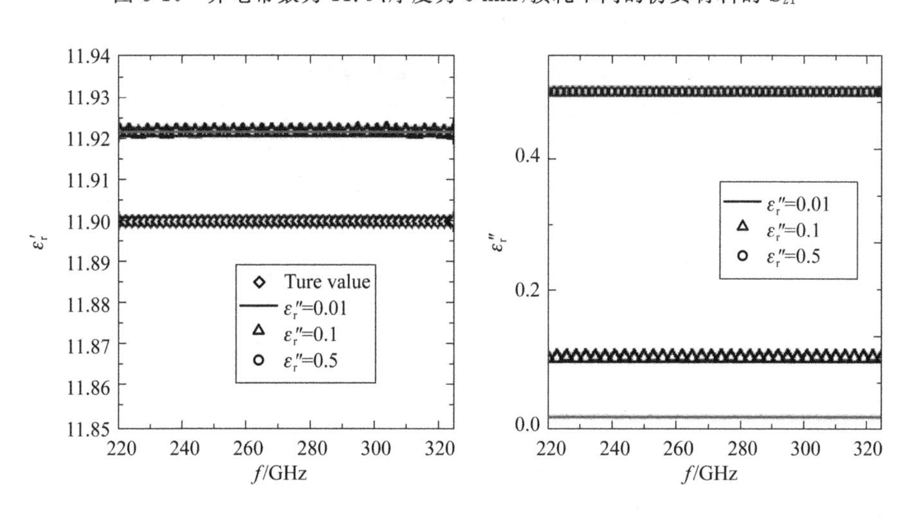

图 3-17 不同损耗材料复介电常数提取结果

3.2 一种与测试位置无关的稳定复介电常数组合提取方法

上节提出的方法只适用于单层平板 MUT 的位置可以准确测量的情况。但是，矩形波导和同轴线 T/R 测试不能保证 MUT 的位置可以被准确测量[47]。为此，本节提出一种与测试位置无关的稳定复介电常数提取方法[129]，可同时弥补 T/R测试单层平板材料的 T-PTLM 的提取方法存在的三个不足之处。本方法详细分析了传输线方程，组合应用了 ANN、NRW 解析提取算法[22]、相位展开技术[45]和 NLSF 技术[33]。虽然技术数量多，但是无复杂的计算，且应用过程简单。本方法同时适用于矩形波导、同轴线和自由空间测试。

相比文献中的方法，本节提出的方法的优势如表 3-2 所示。相比常用的的解析提取方法[22,29]，本节提出的方法的优势是可以同时弥补三个不足。相比经典的四参数迭代算法[27]，本节的提取方法解决了初值估计问题。相比同时弥补三个不足的幅值相关方法[49]，本节提出的方法也解决了初值估计问题。相比 Hasar Ugur Cem 最新提出的基于短路反射和 T/R 组合测试的提取方法[55]，本节提出的方法需要的测试参数的数量少，且计算复杂度低。本节将使用 X 波段矩形波导测试和仿真验证提出的方法的可行性和优势。

表 3-2 不同提取方法优点和缺点总结

方法		解析		同时解决三个不足			
		文献[22]	文献[29]	文献[27]	文献[49]	文献[55]	本节
用于计算的测试数据	$\|S_{11}\|$	√	√	√	——	——	——
	$\angle S_{11}$	√	√	——	——	——	——
	$\|S_{21}\|$	√	√	√	√	√	√
	$\angle S_{21}$	√	√	——	√	√	√
	$\|S_{11s}\|$	——	——	——	——	√	——
	$\angle S_{11s}$	——	——	——	——	√	——
	$\|S_{22s}\|$	——	——	——	——	√	——
	$\angle S_{22s}$	——	——	——	——	√	——
	L	√	√	√	√	√	√
	L_{01}	√	√	——	——	——	——

续 表

<table>
<tr><th rowspan="2">方法</th><th colspan="2">解析</th><th colspan="4">同时解决三个不足</th></tr>
<tr><th>文献[22]</th><th>文献[29]</th><th>文献[27]</th><th>文献[49]</th><th>文献[55]</th><th>本节</th></tr>
<tr><td rowspan="4">优点</td><td rowspan="4">唯一</td><td rowspan="2">唯一</td><td rowspan="2">稳定</td><td rowspan="2">稳定</td><td>唯一</td><td>唯一</td></tr>
<tr><td>稳定</td><td>稳定</td></tr>
<tr><td rowspan="2">稳定</td><td rowspan="2">位置无关</td><td rowspan="2">位置无关</td><td rowspan="2">位置无关</td><td>位置无关</td></tr>
<tr><td>计算简单</td></tr>
<tr><td rowspan="2">缺点</td><td>谐振</td><td rowspan="2">位置相关</td><td rowspan="2">初值估计</td><td rowspan="2">初值估计</td><td rowspan="2">计算复杂</td><td rowspan="2">——</td></tr>
<tr><td>位置相关</td></tr>
</table>

“√”代表需要这个测试数据；“——”代表不需要这个测试数据。

3.2.1　基于组合技术的稳定复介电常数提取模型

图 3-18 展示了放入 MUT 的二端口传输线。其中，传输线长度 L_0 和 MUT 厚度 L 已知，MUT 在传输线中的位置 L_{01} 和 L_{02} 未知。本节组合四种简单的方法和技术，提出与 MUT 测试位置无关的稳定复介电常数提取方法。方法应用流程如图 3-19 所示，具体步骤如下。

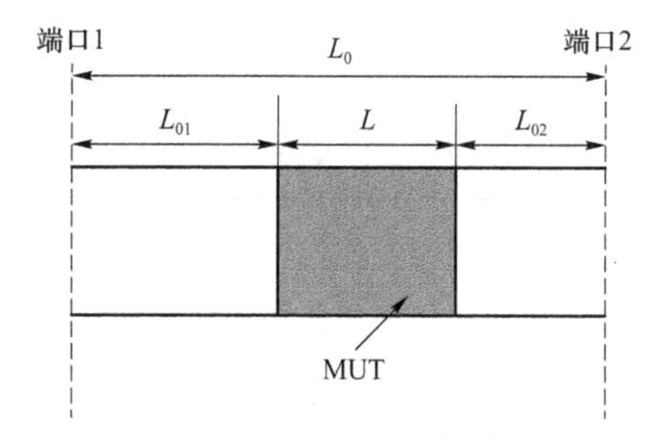

图 3-18　包含 MUT 的传输线示意图，其中 L_0 和 L 已知，L_{01} 和 L_{02} 未知

第 1 步：基于 ANN 估算出 MUT 的位置 L_{01} 和 L_{02}。根据经典传输线理论，传输线两个端口之间的 S 参数可以表示为：

$$S_{11}=R_{01}^{2}\frac{\Gamma(1-T^{2})}{1-\Gamma^{2}T^{2}},\tag{3-14}$$

$$S_{21}=S_{12}=R_{01}R_{02}\frac{T(1-\Gamma^{2})}{1-\Gamma^{2}T^{2}},\tag{3-15}$$

$$S_{22}=R_{02}^{2}\frac{\Gamma(1-T^{2})}{1-\Gamma^{2}T^{2}},\tag{3-16}$$

其中，

$$R_{01}=\mathrm{e}^{-\gamma_0 L_{01}}\,, \tag{3-17}$$

$$R_{02}=\mathrm{e}^{-\gamma_0 L_{02}}\,, \tag{3-18}$$

$$\Gamma=\frac{\gamma_0-\gamma}{\gamma_0+\gamma}, \tag{3-19}$$

$$T=\mathrm{e}^{-\gamma L}\,, \tag{3-20}$$

$$\gamma=\mathrm{j}\sqrt{\frac{\omega^2\varepsilon_\mathrm{r}\mu_\mathrm{r}}{c_\mathrm{vac}^2}-\left(\frac{2\pi}{\lambda_\mathrm{c}}\right)^2}, \tag{3-21}$$

$$\gamma_0=\mathrm{j}\sqrt{\frac{\omega^2}{c_\mathrm{lab}^2}-\left(\frac{2\pi}{\lambda_\mathrm{c}}\right)^2}。 \tag{3-22}$$

其中，γ_0 和 γ 分别是空气填充和 MUT 填充的传输线的传播常数，T 是 MUT 中的传播因子，Γ 是空气和 MUT 填充的传输线接触面的第一次反射系数，R_{01} 和 R_{02} 分别是空气填充的长度为 L_{01} 和 L_{02} 传输线的传播因子，λ_c 是空气填充的传输线的截止频率，c_vac 和 c_lab 分别是真空和实验室中的光速，ω 是角频率。

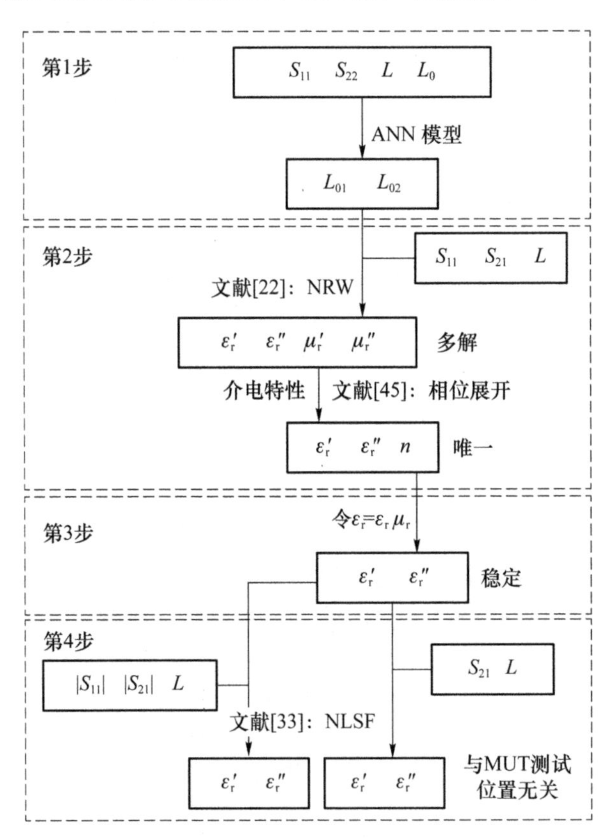

图 3-19　与 MUT 测试位置无关的提取低损耗 MUT 稳定、唯一复介电常数方法流程图

根据方程(3-14)、方程(3-16)至方程(3-18),可以推导出:

$$X=X_r+jX_i=\frac{S_{11}}{S_{22}}=\frac{R_{01}^2}{R_{02}^2}=e^{-2\gamma_0(L_{01}-L_{02})}, \tag{3-23}$$

其中,L_{01}的数值范围是$[0,L_0-L]$,L_{02}的数值范围是$[0,L_0-L]$,且$L_0=L+L_{01}+L_{02}$。

基于方程(3-23),本节建立 BPNN 模型估计出 L_{01}和 L_{02}的数值。BPNN 模型的结构如图 3-20 所示。BPNN 模型的输入变量是方程(3-23)中的 X_r 和 X_i,输出变量是 L_{01}和 L_{02},隐藏层节点数为 N,激活函数为 sigmoid,训练和测试误差函数均设置为 MSE,只有训练和测试误差都低于 1×10^{-6}后,才结束训练,否则需不断调整神经元个数。根据 L_{01}和 L_{02}取值范围和相互制约关系,计算出其对应的 X_r 和 X_i,用于训练 BPNN 模型。最后,将测试 S_{11}和 S_{22}计算出的 X_r 和 X_i 输入训练后的 BPNN 模型,估算出 L_{01}和 L_{02}。需要特别指出的是,传输线长度 L_0 和 MUT 厚度 L 的差值不得超过传输线中电磁波的半波长,否则会出现一组 X_r 和 X_i 对应多组 L_{01}和 L_{02}的情况,导致 BPNN 无法完成训练。

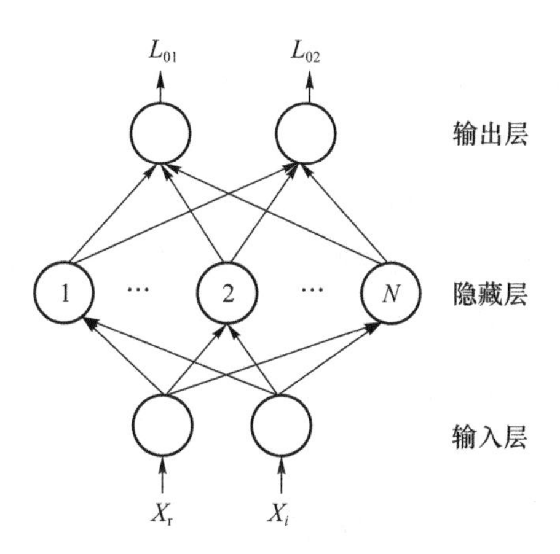

图 3-20 用于估算 MUT 位置的 BPNN 模型结构

第 2 步:基于介电特性和相位展开技术解决相位模糊引发的多解问题。估算出 MUT 位置 L_{01}和 L_{02}后,基于 NRW 算法可以推导出:

$$\mu_r=\frac{1+\Gamma}{\Lambda(1-\Gamma)\sqrt{\left(\frac{1}{\lambda_0}\right)^2-\left(\frac{1}{\lambda_c}\right)^2}}, \tag{3-24}$$

$$\varepsilon_r=\frac{\lambda_0^2\left(\frac{1}{\Lambda^2}+\frac{1}{\lambda_c^2}\right)}{\mu_r},\tag{3-25}$$

其中，

$$\frac{1}{\Lambda^2}=-\left[\frac{1}{2\pi L}\ln\left(\frac{1}{T}\right)\right]^2=-\left[\frac{1}{2\pi L}\ln\left(\left|\frac{1}{T}\right|\right)+\frac{j\phi}{2\pi L}+\frac{jn}{L}\right]^2,\quad n=0,\pm1,\pm2,\cdots\tag{3-26}$$

$$T=\frac{[S_{11}e^{2\gamma_0L_{01}}+S_{21}e^{\gamma_0(L_{01}+L_{02})}]-\Gamma}{1-[S_{11}e^{2\gamma_0L_{01}}+S_{21}e^{\gamma_0(L_{01}+L_{02})}]\Gamma},\tag{3-27}$$

$$\Gamma=K\pm\sqrt{K^2-1},\tag{3-28}$$

$$K=\frac{S_{11}^2e^{4\gamma_0L_{01}}-S_{21}^2e^{2\gamma_0(L_{01}+L_{02})}+1}{2S_{11}e^{2\gamma_0L_{01}}},\tag{3-29}$$

其中，Γ 表达式中的符号“±”，可以根据 $|\Gamma|\leqslant1$ 确定“+”或者“−”。

方程(3-26)表明，n 有无穷个数值，导致 $1/\Lambda$ 有无穷多个解，这就是著名的相位模糊问题。可以看出，n 的取值对 $1/\Lambda$ 实部的影响极大。根据方程(3-24)，n 变化会导致 μ_r 变化。由于 MUT 是介电材料，其 μ_r 应该是 1。因此，选取 μ_r 最接近 1 时对应的 n 的数值作为正确的值。由于在 Fabry-Perot 频率附近，μ_r 的提取结果极其不准确[33]，因此使用远离 Fabry-Perot 频率的数据确定 n 值，然后使用相位展开技术确定测试频段内每个频点对应的 n 值[45]。至此，可以求出 ε_r 的唯一解。由于使用 NRW 提取算法公式，此时提取的 ε_r 在 Fabry-Perot 频率附近谐振。

第 3 步：稳定复介电常数。NIST 的 James Baker-Jarvis 等人指出在 Fabry-Perot 频率附近，$\varepsilon_r\mu_r$ 是稳定的[25]。本节利用 MUT 的 μ_r 为 1，变换方程(3-25)，可得到稳定的 ε_r：

$$\varepsilon_r=\lambda_0^2\left(\frac{1}{\Lambda^2}+\frac{1}{\lambda_c^2}\right)。\tag{3-30}$$

此时计算出的 ε_r 建立在估算的 L_{01} 和 L_{02} 基础上。下一步将消除 L_{01} 和 L_{02} 对 ε_r 提取结果的影响。

第 4 步：消除 MUT 测试位置对 ε_r 提取影响。根据方程(3-14)和方程(3-15)，可以分析出 $|S_{11}|$、$|S_{21}|$ 和 $\angle S_{21}$ 不受 MUT 位置影响。因此，从这三个测试数据中提取 ε_r 将消除 MUT 测试位置的影响。本节使用第 3 步计算出的 ε_r 作为初值，应用 NLSF 技术，提出两个方案：1)只和传输系数相关的复介电常数提取方案；2)只和幅值相关的复介电常数提取方案。两个方案的目标函数分别为：

$$f(\varepsilon_r',\varepsilon_r'')=(|S_{21}^{\text{meas}}|-|S_{21}^{\text{pred}}|)^2+\left(\frac{\angle S_{21}^{\text{meas}}-\angle S_{21}^{\text{pred}}}{180^\circ}\right)^2, \tag{3-31}$$

$$f(\varepsilon_r',\varepsilon_r'')=(|S_{11}^{\text{meas}}|-|S_{11}^{\text{pred}}|)^2+(|S_{21}^{\text{meas}}|-|S_{21}^{\text{pred}}|)^2, \tag{3-32}$$

其中,上标"meas"和"pred"分别表示测试和计算的数值,$\angle S_{21}$的单位为度。

3.2.2 实验验证及分析

实验测试系统如图 3-21 所示,核心设备为:一台罗德与施瓦茨(Rohde & Schwarz, RS)二端口 VNA(型号 ZVA40)、两根射频线缆、两个 X 波段(8.2~12.4 GHz)同轴-波导转换器、两根 X 波段直波导和一个长度 9.78 mm 的 X 波段矩形波片。为了方便和精确测试,本节测试系统将同轴-波导转换器和直波导固定在直滑轨上,且使用销钉和夹子连接波导法兰[131]。搭建系统后,先使用标准 TRL 技术校准测试系统,再进行 T/R 测试。

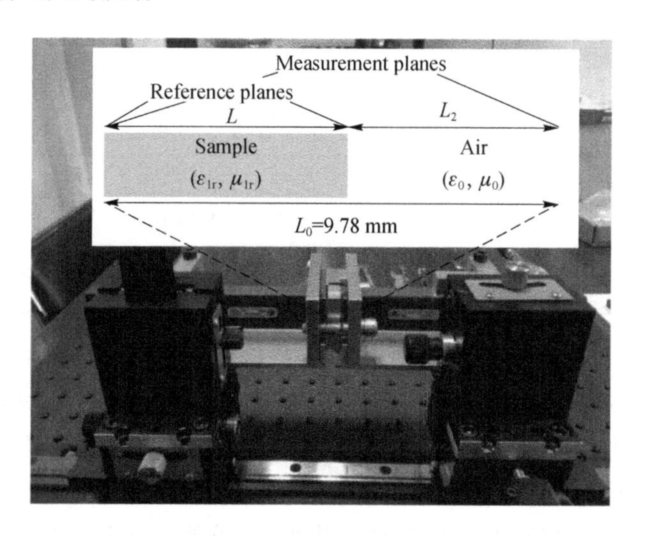

图 3-21 X 波段 T/R 测试系统照片和矩形波导片中 MUT 示意图

如图 3-21 所示,测试过程中 MUT 紧贴厚度为 9.78 mm 的矩形波导的端口 1,因此 L_{01}和 L_{02}分别为 0 和 L_0-L_{02}。这些容易测试出的位置数据可用于验证提取方法是否有效。为了验证提出的方法,我们加工了两块低损耗 MUT:厚度为 7.94 mm 的 FR-4 和厚度为 8.51 mm 的聚氯乙烯(Polyvinyl Chloride,PVC)。分别测试嵌入 FR-4 和 PVC 的矩形波导片的 S 参数,结果如图 3-22 和图 3-23 所示。

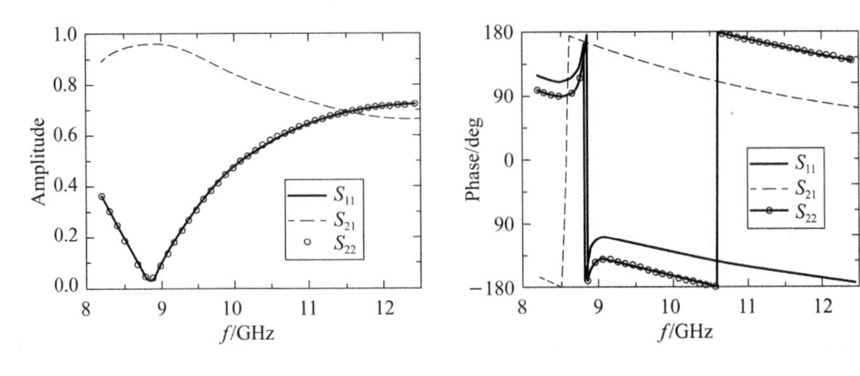

图 3-22　嵌入 FR-4 矩形波导片 S 参数

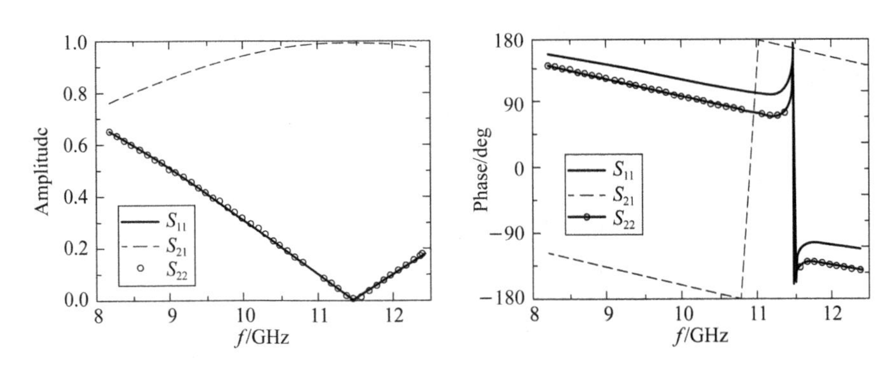

图 3-23　嵌入 PVC 波导片 S 参数

可以清晰地看出，测试的 S 参数存在明显的 Fabry-Perot 谐振效应。对于 FR-4，Fabry-Perot 谐振发生在 8.8 GHz 附近；对于 PVC，Fabry-Perot 谐振发生在 11.5 GHz附近。此外，需要特别指出的是，PVC 测试结果在 9.6 GHz 附近出现尖峰，该尖峰是 Open-box 模型谐振[132]，这是 MUT 与矩形波导内壁之间空隙的高次模导致的谐振，是合理的实验测试结果。在不影响验证方法的前提下，本节不对该谐振做进一步研究。

测试结束后，首先建立两个 BPNN 模型，估算两块 MUT 的位置。用于估算 FR-4 位置的 BPNN 模型训练数据：L_{01} 数值范围是(0，1.84 mm)，L_{02} 数值范围是(0，1.84 mm)，且 $L_0=L_{01}+L_{02}$。建模频率为 11.5 GHz，远离 Fabry-Perot 谐振频率 8.8 GHz，用方程(3-23)计算出对应的 X_r 和 X_i。用于估算 PVC 位置的 BPNN 模型训练数据：L_{01} 数值范围是(0，1.27 mm)，L_{02} 数值范围是(0，1.27 mm)，且 $L_0=L_{01}+L_{02}$。建模频率为 9 GHz，远离 Fabry-Perot 谐振频率 11.5 GHz，用方程(3-23)计算出对应的 X_r 和 X_i。训练结果表明，两个 BPNN 隐藏层节点数都是 5。如表 3-3所示，MUT 位置估算值和测试值很接近，证明 BPNN 模型有效。但是，

FR-4 位置估算值存在负数,这可能是 FR-4 轻微移出了波导片导致的,测试出现这种情况是合理的。

表 3-3 MUT 位置估算值和测试值

MUT	估算值		测试值	
	L_{01}/mm	L_{02}/mm	L_{01}/mm	L_{02}/mm
FR4	−0.014 7	1.854 7	0	1.84
PVC	0.019 9	1.250 1	0	1.27

估算出 MUT 位置后,首先使用经典的 NRW 和 NSTR 方法提取 MUT 的 ε_r,然后使用本节提出的两种组合方法提取 MUT 的 ε_r,提取结果如图 3-24 和图 3-25 所示。在此,将方程(3-31)和方程(3-32)对应的方法分别命名为“AO-Proposed”和“TO-Proposed”。提取结果表明,NRW 方法提取 ε_r 有明显的谐振,NSTR 方法和本节提出的两种方法都消除了 ε_r 提取时的谐振。

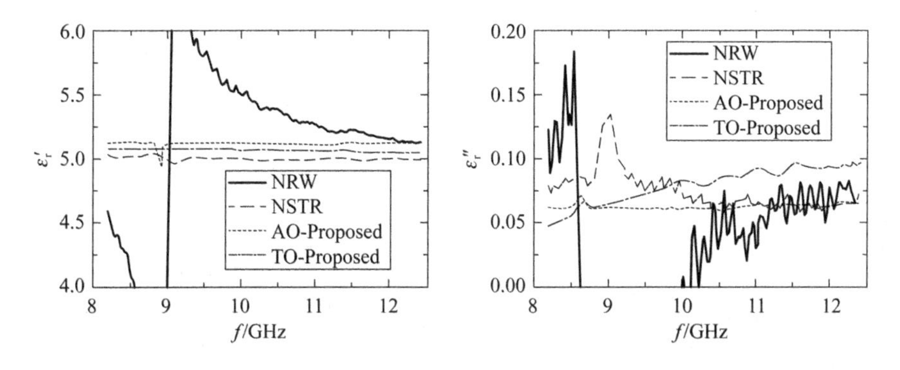

图 3-24 FR4 复介电常数提取结果:NRW、NSTR 和本节提出的两种提取方法

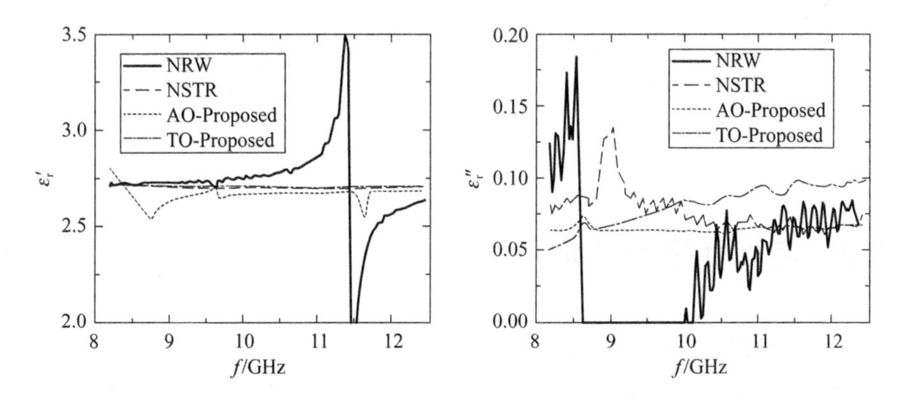

图 3-25 PVC 复介电常数提取结果:NRW、NSTR 和本节提出的两种提取方法

对于FR-4，NSTR方法和本节提出的两种方法提取的ε_r'在测量频段内都是非色散的，三种方法提取的ε_r'变化范围在5.0至5.15之间，即误差在3%以内。NSTR方法提取的ε_r''在Fabry-Perot频率附近轻微谐振，AO-Proposed方法提取的ε_r''非色散，TO-Proposed方法提取的ε_r''色散。也就是说，本节提出的方法比NSTR方法稳定一些。对于PVC材料来说，NSTR方法和TO-Proposed方法几乎相同。AO-Proposed方法提取的ε_r'很不稳定。可以看出，相比NSTR方法，本节提出的方法的优势并没有完全展示出来。为此，使用仿真数据来进一步验证本节提出的方法。

在仿真验证之前，本节通过实验证明了所提方法不受MUT测试位置影响。MUT为一块6.08 mm厚的低损耗材料，任意放置该材料至矩形波导片内三次，S_{11}相位如图3-26(a)所示。S_{11}相位不同表明材料放置位置不同。使用本节提出的TO-Proposed方法处理测试数据，从三次测试的S参数提取MUT的ε_r。如图3-26(b)所示，MUT任意放置在三个位置后，本节提出的方法从测试S参数中提取的ε_r吻合良好，证明本节提出的方法不受MUT测试位置的影响。

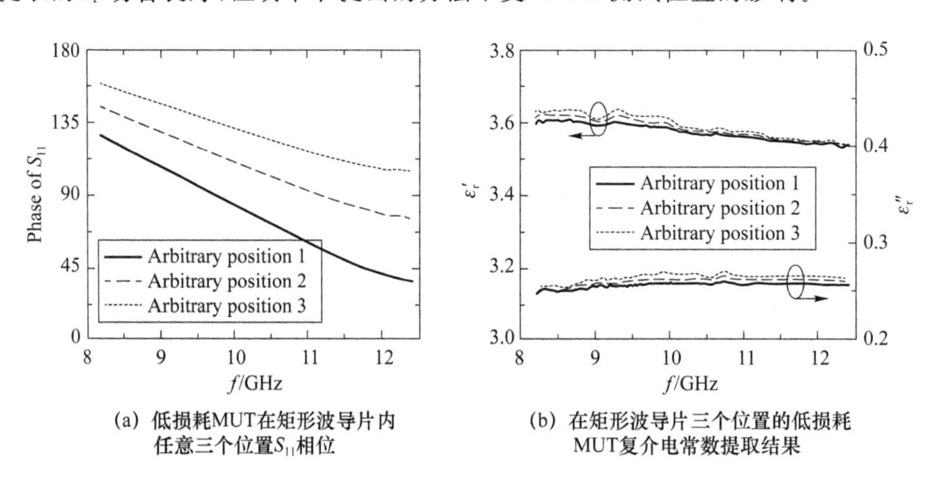

(a) 低损耗MUT在矩形波导片内任意三个位置S_{11}相位

(b) 在矩形波导片三个位置的低损耗MUT复介电常数提取结果

图3-26 本节实验测试数据

3.2.3 仿真验证及分析

使用高频结构仿真器(High Frequency Structure Simulator，HFSS)仿真X波段矩形波导T/R测试以进一步验证本节提出的方法的优势[133]。首先，在HFSS工程中创建一个材料，其相对复介电常数为5－j0.05，厚度为7.5 mm，长、宽分别为 22.86 mm 和 10.16 mm;然后,将其放置在长度为 9.78 mm 的 X 波段矩形波导中,波导的边界设置为 PEC,波导激励端口设置为 Wave Port。为了添加激励,在波导两个端口分别添加 1 mm 真空波导,然后去嵌入校准至波导口。待 MUT 的 L_{01} 为 0 后,加上位置误差,仿真波导的 S 参数。

本节做了两次仿真,第一次仿真位置误差为 0.1 mm(仿真材料向矩形波导端口 2 移动 0.1 mm),第二次仿真位置误差为 1 mm(仿真材料向矩形波导端口 2 移动 1 mm)。位置误差在仿真中一定要加进来,这是因为 MUT 在矩形波导内部的位置测量不准确,且在连接波导和设备时,MUT 可能会移动[47]。仿真 S 参数如图 3-27 和图 3-28 所示。结果表明,材料在 9.5 GHz 附近发生 Fabry-Perot 谐振。仿真 S 参数表明,S 参数的幅值不受 MUT 位置的影响,S_{21} 的相位也不受 MUT 位置的影响。

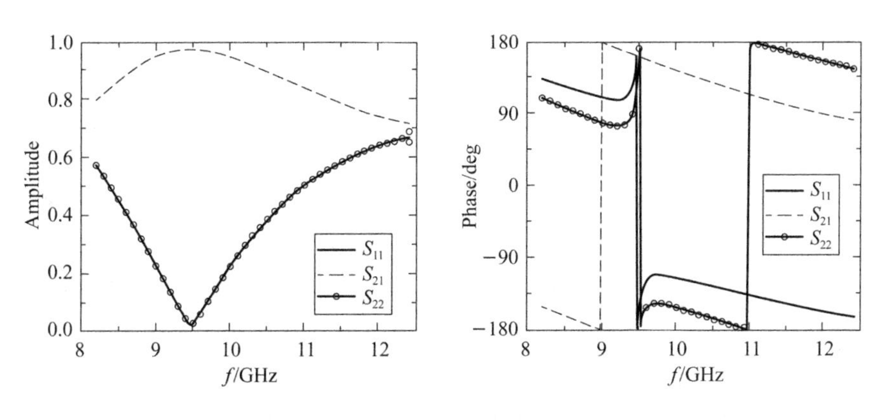

图 3-27 MUT 位置误差 0.1 mm 仿真 S 参数

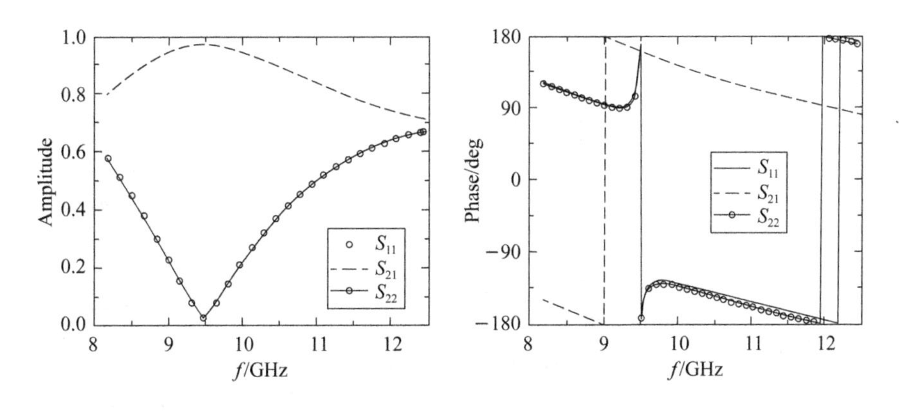

图 3-28 MUT 位置误差 1 mm 仿真 S 参数

使用 NRW、NSTR 和本节提出的 TO-Proposed 方法处理仿真的 S 参数。如

表 3-4 所示，在位置误差为 0.1 mm 和 1 mm 时，BPNN 模型都能准确估算出 MUT 的位置。如图 3-29 和图 3-30 所示，若 MUT 在测试过程中发生位移或者 MUT 位置测试不准确，将导致 NRW 和 NSTR 提取结果错误。对比图 3-29 和图 3-30 表明，位置误差越大，提取结果越不准确。相比之下，本节提出的 TO-Proposed 方法不受 MUT 位移的影响，提取出了更准确的 ε_r，进而展示了本节提出的方法的优势。对比图 3-29 和图 3-30，MUT 测试位置误差越大，本节提出的方法的优势越明显。

表 3-4　MUT 位置真实值、假设值和估算值

仿真编号	真实值		假设值		估算值	
	L_{01}/mm	L_{02}/mm	L_{01}/mm	L_{02}/mm	L_{01}/mm	L_{02}/mm
1	0.1	2.18	0	2.28	0.1	2.18
2	1	1.28	0	2.28	1.05	1.23

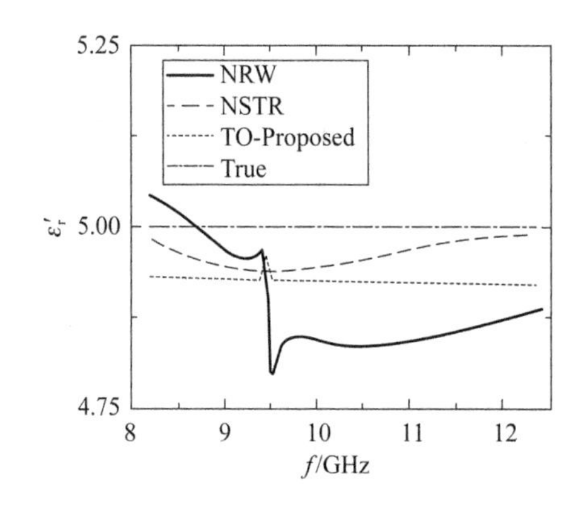

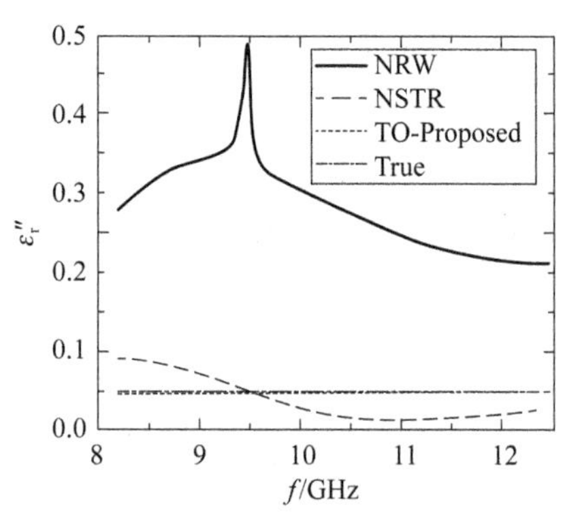

图 3-29　位置误差为 0.1 mm 的仿真材料的复介电常数提取结果

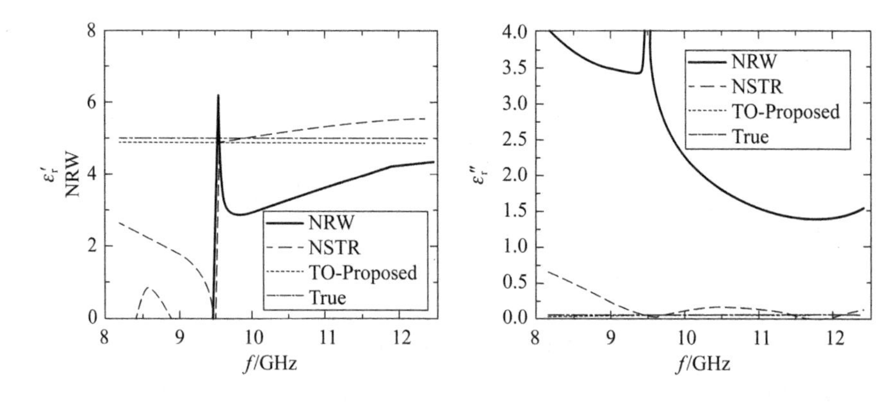

图 3-30　位置误差为 1 mm 的仿真材料的复介电常数提取结果

3.3 一种基于人工神经网络/非解析的稳定复介电常数组合提取方法

本节提出一种基于人工神经网络(Artificial Neural Network,ANN)的非解析提取算法[134]。从 T/R 测量中提取稳定的低损耗材料的复介电常数和复磁导率。可同时解决复介电常数提取多解、谐振问题。本方法详尽地推导了充样传输线的衰减常数 α 和相位常数 β 的方程。将计算得到的 α 和 β 放入 ANN 模型中。与 NRW 技术[22]、Houtz 等人[33]提出的基于短路反射的提取技术和没有导出的方程的 ANN 解析提取相比,本节提出的 ANN 模型的输出结果为在整个测量频率范围内均稳定的复介电常数和复磁导率。本节将在 X 波段测量两种厚度可观的低损耗材料,以验证所提出的技术的可行性和优势。

3.3.1 基于 ANN 的稳定复介电常数提取模型

传输线路中 MUT 的 S 参数如图 3-31 所示。从 L 和测量的 S_{11} 和 S_{21}[22] 中可以提取出 MUT 的相对复合介电常数(ε_r)和渗透率(μ_r)。只假设基模(矩形波导中的 TE_{10} 波和同轴线和自由空间中的 TEM 波)在传输线[22]中传播。此外,MUT 是均匀的、各向同性的和平坦的[135]。本书首先利用电磁场[122]的边界关系,从测量的 S 参数和 MUT 的厚度中推导出衰减常数 α 和相位常数 β 的方程,然后利用训练好的神经网络模型从 α 和 β 在一定频率下提取 MUT 的 ε_r 和 μ_r。

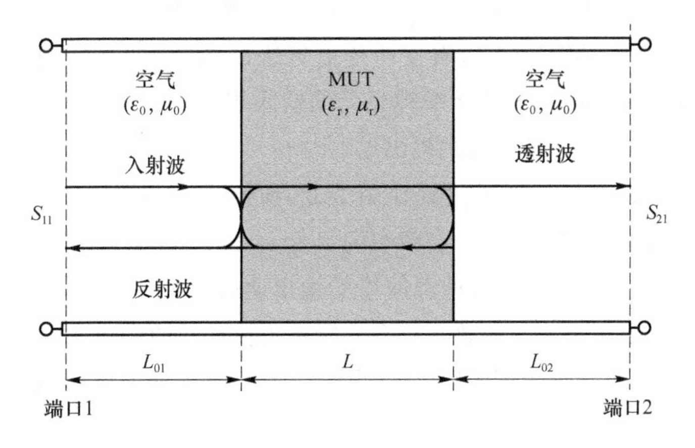

图 3-31 包含 MUT 的传输线示意图,其中 MUT 厚度为 L

1. 推导方程

低损耗材料的 α 和 β 在整个频率范围[122]内是稳定的。根据 3.1 节和 4.1 节推导技术扩展，传输线的 α 和 β 的方程如下：

$$
\begin{aligned}
&\alpha=\frac{1}{2L}a\ \cosh\left(\frac{\kappa}{2}\right),\\
&\beta=\frac{1}{L}\left[a\ \cos\left(\frac{\chi_1}{\kappa}\right)+2n\pi\right],\quad n=0,1,2,\cdots,
\end{aligned}
\tag{3-33}
$$

或

$$
\beta=\frac{1}{L}\left[-a\ \cos\left(\frac{\chi_1}{\kappa}\right)+2(n+1)\pi\right],\quad n=0,1,2,\cdots,
\tag{3-34}
$$

其中，

$$
\kappa=\frac{\chi_1^2+\chi_2^2\pm\sqrt{\Delta}}{2},
\tag{3-35}
$$

$$
\Delta=(\chi_1^2+\chi_2^2)^2+8(2-\chi_1^2+\chi_2^2),
\tag{3-36}
$$

$$
\chi=\chi_1+\mathrm{j}\chi_2=\frac{1-S_{11}^2+S_{21}^2}{S_{21}}。
\tag{3-37}
$$

κ 表达式中的符号“$\pm$”，可以根据 $\kappa>2$ 来确定。通过比较计算的和测量的组延迟[22]，可以确定 β 的解析表达式和 n 的值。

由于 $|S_{11}|$ 在共振频率[33]处近似于零，因此 S_{11} 对 χ 的影响很小。因此，计算出的 α 和 β 在整个频率范围内都是稳定的。

2. 基于推导方程的 ANN 模型

ANN 模型是一种有效解决利用计算得出的 α 和 β 提取 ε_r 和 μ_r 这一非线性逆问题的方式[118,136]。本节采用带有反向传播算法的神经网络模型来求解反问题。如图 3-32 所示，神经网络包含 3 个神经元的输入层，K 个具有 N_K 个隐藏神经元的隐藏层，以及一个 4 个神经元的输出层。

人工神经网络模型的训练过程如图 3-33 所示。对于 M 个任意不同的样本 $(\boldsymbol{x}_i,\boldsymbol{t}_i)$，其中 i 是样本数；$\boldsymbol{t}_i$ 由一定频率的目标 ε_r 和 μ_r 组成；$\boldsymbol{x}_i$ 由 f、α 和 β 组成；α 和 β 由 $\boldsymbol{t}_i$ 通过文献[27]计算；神经网络的输出建模为 $\boldsymbol{o}_i=g(\boldsymbol{t}_i)$，$i=1,2,\cdots,M$。训练神经网络的目标是将目标输出值和实际输出值之间的误差减少到一个令人满意的数量级[137]。采用均方误差(MSE)计算 $\boldsymbol{t}_i$ 和 $\boldsymbol{o}_i$ 之间的差值[129]：

$$
\mathrm{MSE}=\frac{1}{M}\sum_{i=1}^{M}(\boldsymbol{o}_i-\boldsymbol{t}_i)^2。
\tag{3-38}
$$

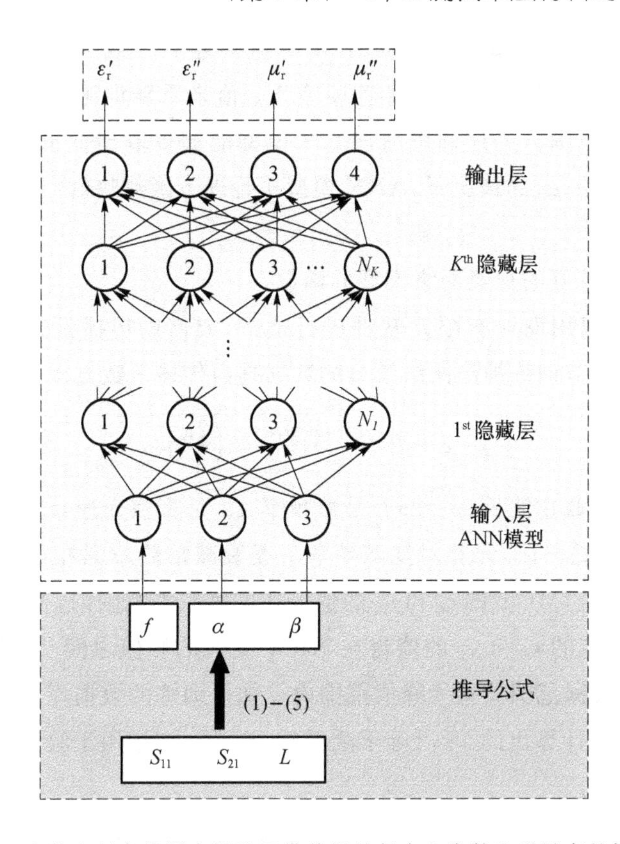

图 3-32 在整个频率范围内提取不带共振的复介电常数和磁导率的技术过程

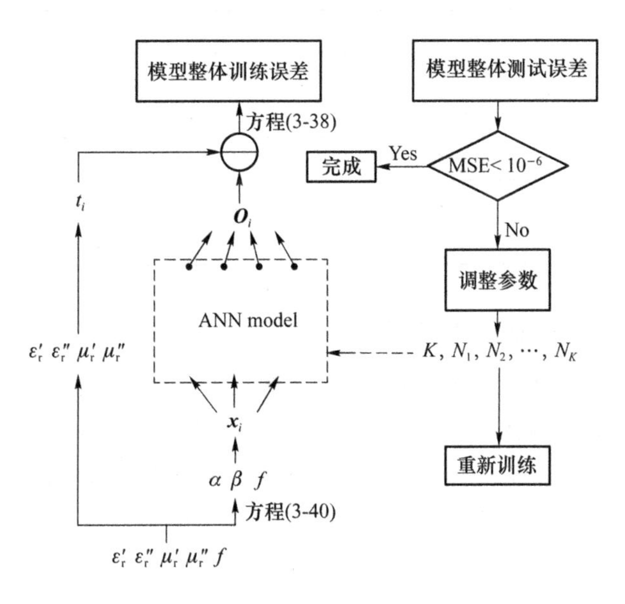

图 3-33 人工神经网络模型的训练过程

需要指出的是，只有当测试数据的 MSE 值接近 10^{-6} 或更低时，训练后的模型才是有效的[129]。否则，应该通过调整 K 或 N_K 值来重新训练参数。有时，有必要缩小训练数据的范围。经过训练后，ANN 模型能够提取出低损耗材料的稳定 ε_r 和 μ_r。在提取 ε_r 和 μ_r 的情况下，ANN 模型执行以下函数映射：

$$[\varepsilon'_r,\varepsilon''_r,\mu'_r,\mu''_r]=g(\alpha,\beta,f), \tag{3-39}$$

其中，$g(\cdot)$是训练好的神经网络模型的函数。

训练数据可以用商业有限元软件进行模拟，或借助传播常数方程进行计算。由于仿真耗时，本节训练神经网络模型的数据是由传播常数方程计算出来的[27]：

$$\gamma=\alpha+j\beta=j\sqrt{\frac{\omega^2\mu_r\varepsilon_r}{c_{vac}^2}-\left(\frac{2\pi}{\lambda_c}\right)^2}, \tag{3-40}$$

其中，λ_c 是波导的截止波长，$\omega=2\pi f$ 是角频率，c_{vac}是真空光速，$\varepsilon_r=\varepsilon'_r-j\varepsilon''_r$ 是相对复介电常数，$\mu_r=\mu'_r-j\mu''_r$ 是相对复磁导率，α 是衰减常数，β 是相位常数。

需要指出的是，MUT 的 ε_r 和 μ_r 的值应在训练数据范围内，否则提取的结果将是不正确的。稳定的 ε_r 和 μ_r 的值将在 NRW 提取的峰值之间[27,33]。如表 3-3 所示，本节的训练数据范围设置为峰值范围内。如果训练的数据库是适当的，那么从提取的 ε_r 和 μ_r 中计算出的 $|S_{21}|$ 等于测量的 $|S_{21}|$。它被用于验证数据库，验证过程如图 3-34 所示。

表 3-3　为 ANN 模型提供支持的训练数据库

参数	NRW 结果的范围	训练的数据
ε'_r	$A_1\sim B_1$	$A'_1:a_1:B'_1, A'_1\geqslant A_1, B'_1\leqslant B_1, a_1>0$
ε''_r	$A_2\sim B_2$	$A'_2:a_2:B'_2, A'_2\geqslant A_2, B'_2\leqslant B_2, a_2>0$
μ'_r	$A_3\sim B_3$	$A'_3:a_3:B'_3, A'_3\geqslant A_3, B'_3\leqslant B_3, a_3>0$
μ''_r	$A_4\sim B_4$	$A'_4:a_4:B'_4, A'_4\geqslant A_4, B'_4\leqslant B_4, a_4>0$
f	$f_1\sim f_2$	$f_1:\Delta f:f_2, \Delta f>0$

3. 非基于推导方程的 ANN 模型

为了说明所提出的技术的优点，我们还建立了一个没有推导方程的神经网络模型。ANN 模型的输入设置为 $|S_{11}|$、S_{11} 的相位、$|S_{21}|$、S_{21} 的相位和频率 f，ANN 模型的输出设置为 ε'_r、ε''_r、μ'_r 和 μ''_r。本节中用于训练 ANN 模型的 ε_r 和 μ_r 与上文所述方法相同。用于训练的 S_{11} 和 S_{21} 的计算方法为：

$$S_{21}=\frac{z(1-\Gamma^2)}{1-z^2\Gamma^2}, \tag{3-41}$$

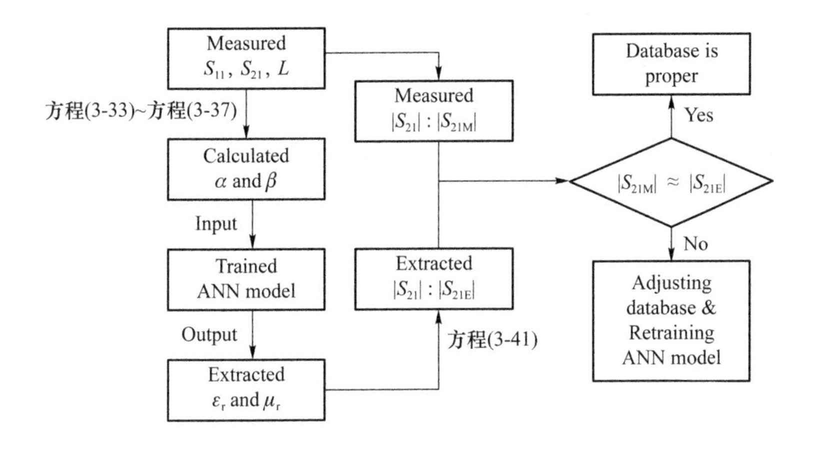

图 3-34 对数据库的验证过程

$$S_{11}=\frac{\Gamma(1-z^2)}{1-z^2\Gamma^2}, \tag{3-42}$$

其中,Γ 为反射系数,z 为传播系数[27]。Γ 和 z 都可以从 ε_r 和 μ_r 中计算出来。

3.3.2 实验验证及分析

为了证明该方法提取结果的准确性,我们测量了在最高测量频率下小于二分之一波长的较薄样品,获取其 S 参数。在本节中,NRW 提取的结果被确定为较薄样品的真实值。我们将提取的结果与真实值进行比较,以验证所提出的技术。

S 参数在 X 波段测量,使用 VNA(型号 ZVA 40),通过反射线(TRL)方法[129]校准。样品支架为 X 波段波导段,厚度为 $L_0=9.78$ mm。每种样品有两种厚度,其中测量厚度为(1.91±0.01)mm 的聚乳酸(PLA)样品和测量厚度为(6.03±0.01)mm的酚甲醛树脂(PFR)样品,用于确定样品的“真实值”。测量厚度为(7.80±0.01)mm 的 PLA 样品和测量厚度为(9.75±0.01)mm 的 PFR 样品,用于验证所提出的技术。我们利用 Houtz 等人[33]提出的基于短路反射的提取技术测量了两个厚样品的反射系数,以验证本节所提出的方法的有效性。

两个厚样品的双端口测量 S 参数如图 3-35 所示。厚度为 7.80 mm 的 PLA 样品的 $|S_{11}|$ 曲线在 12.18 GHz 左右有下降。厚度为 9.75 mm 的 PFR 样品的 $|S_{11}|$ 曲线在 8.98 GHz 左右有下降。这是由 Fabry-Perot 谐振引起的。两个带短路终端厚样品的 S_{11} 如图 3-36 所示。

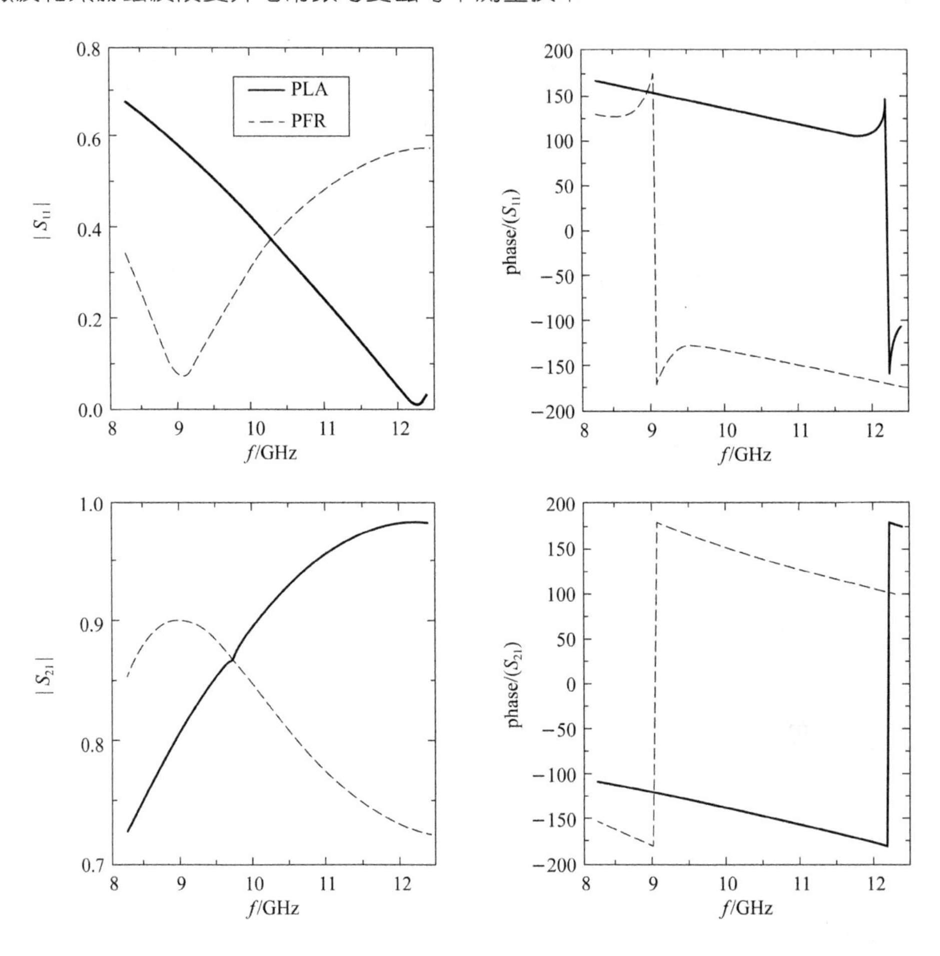

图 3-35 样品的双端口测量 S 参数:PLA 厚度为 7.80 mm,PFR 样品厚度为 9.75 mm

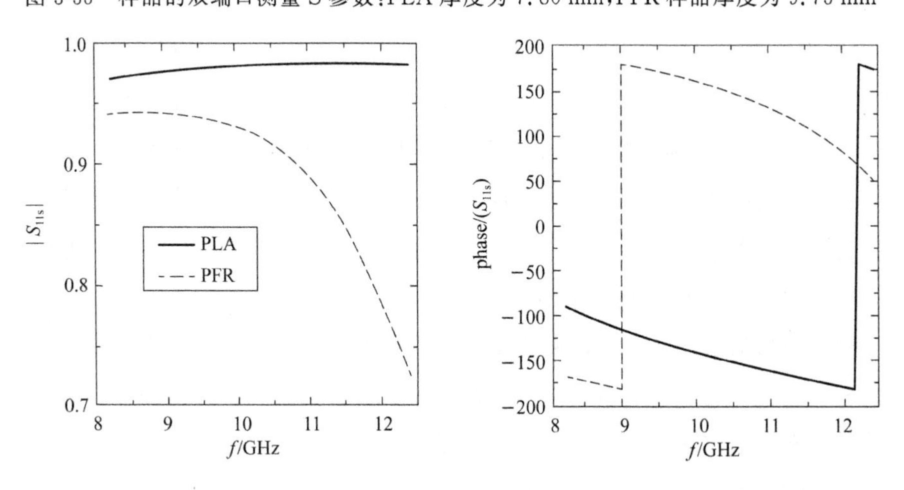

图 3-36 样品的短路测量 S 参数:PLA 厚度为 7.80 mm,PFR 样品厚度为 9.75 mm

在本节中,我们对测量厚度为(1.91±0.01)mm 的 PLA 样品和测量厚度为(6.03±0.01)mm 的 PFR 样品进行了经典的 NRW[22]分析,以确定 PLA 和 PFR 样品的真实性质。我们发现 PLA 样品和 PFR 样品的 ε'_r,ε''_r,μ'_r 和 μ''_r 都是稳定的。

对厚度为 7.80 mm 的 PLA 样品和厚度为 9.75 mm 的 PFR 样品进行了 NRW 技术[22]、短路技术[33]、无推导方程的 ANN 模型和基于推导方程的 ANN 模型的解析提取的结果进行对比,验证本节提出的技术。

首先,通过方程(3-33)～方程(3-37)计算充满样本的波导的 α 和 β。如图 3-37 所示,计算结果在整个频率范围内都是稳定的。两个充满样本的波导的 α 在 X 波段是稳定的,尽管这是由 10 个测量的 S 参数计算出的 10 个不同的值。由 10 个 S 参数计算得到的 β 在一定频率下变化不大,β 与频率呈线性关系。由 10 个测量的 S 参数计算得到的结果表明,测量误差对计算得到的 α 和 β 的稳定性影响不大。

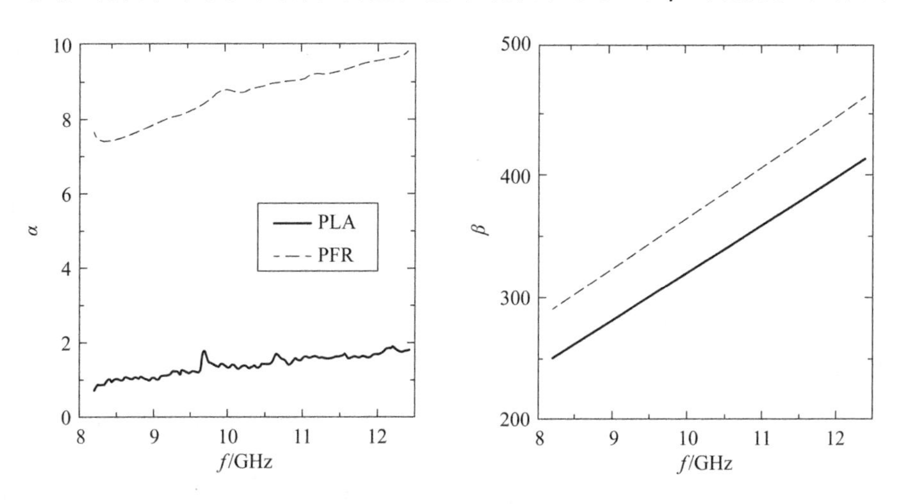

图 3-37 厚度为 7.80 mm 的 PLA 和厚度为 9.75 mm 的 PFR 样品的 α 和 β

接下来,对这两个样本进行了 ANN 训练。所使用的 ANN 训练数据库的大小为:

$$\text{size(database)}=\text{size}(f)\times\text{size}(\varepsilon'_r)\times\text{size}(\varepsilon''_r)\times\text{size}(\mu'_r)\times\text{size}(\mu''_r)。\quad(3\text{-}43)$$

根据式(3-43),训练 PLA 的神经网络数据库大小为 16 125,训练 PFR 的神经网络数据库大小也为 16 125。对于两个 ANN 模型,$K=2$,$N_1=50$,$N_2=30$。然而,K 和 N_K 的其他值也可以有效,其他类型的 ANN 模型也可以被用于本实验验证。本书所采用的神经网络是反向传播神经网络(BPNN),这是一个基本模型。在这项工作中,训练一个模型平均大约需要 2.8 小时。近年来,许多加速神经网络模型被提出[138,139]。需要特别指出的是，本节没有使用加速模型，因为我们的目的是减小提取的结果的不稳定性。此外，我们对每个样本的 ANN 模型进行了 10 次训练，以证明 ANN 模型的可靠性。

经过训练，神经网络模型能够从计算出的 α 和 β 中提取 ε_r 和 μ_r。厚度为 7.80 mm 的 PLA 样品的提取结果如图 3-38 所示。厚度为 9.75 mm 的 PFR 样品的提取结果如图 3-39 所示。该技术提取的结果在整个测量频率范围内没有共振。此外，每个样本的 10 个 ANN 模型的输出结果是稳定的，所以所提出的 ANN 模型是可靠的。

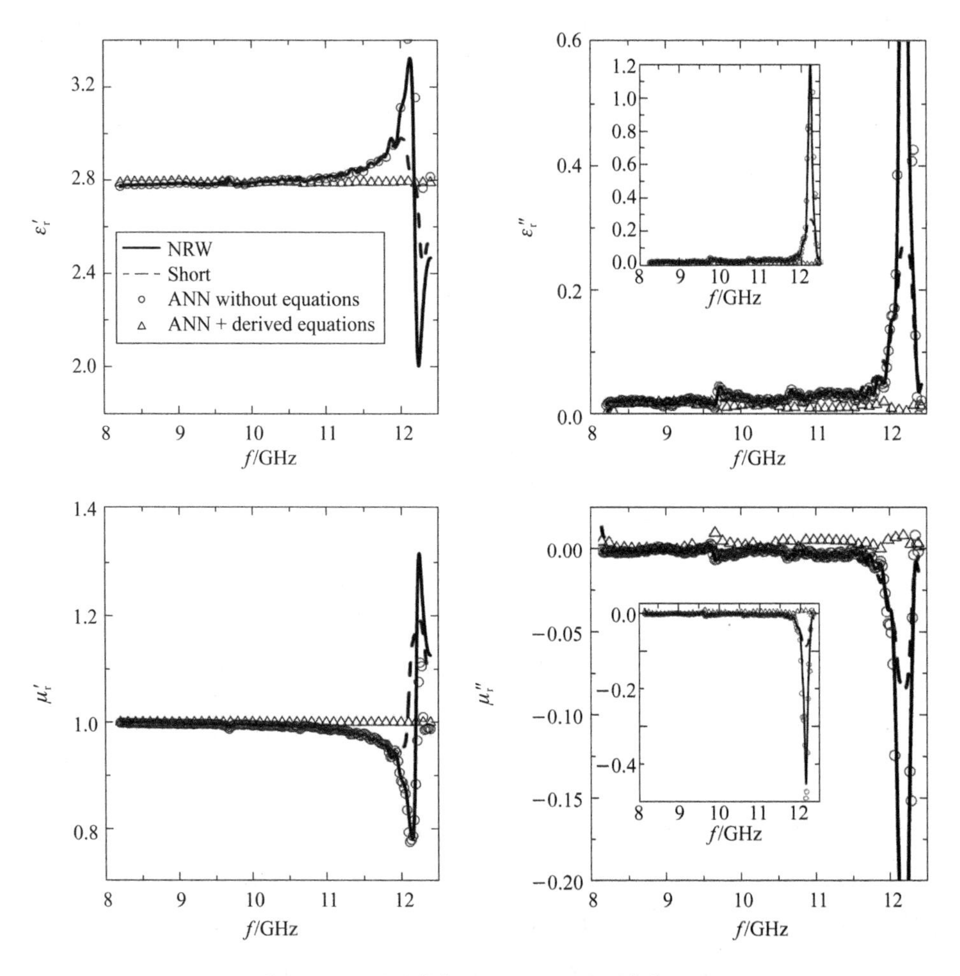

图 3-38 使用 NRW 技术[22]、短路(Short)技术[33]、无推导方程(ANN without equations)和基于推导方程(ANN+derived equations)的 ANN 模型，对长度为 7.80 mm 的 PLA 提取结果进行比较

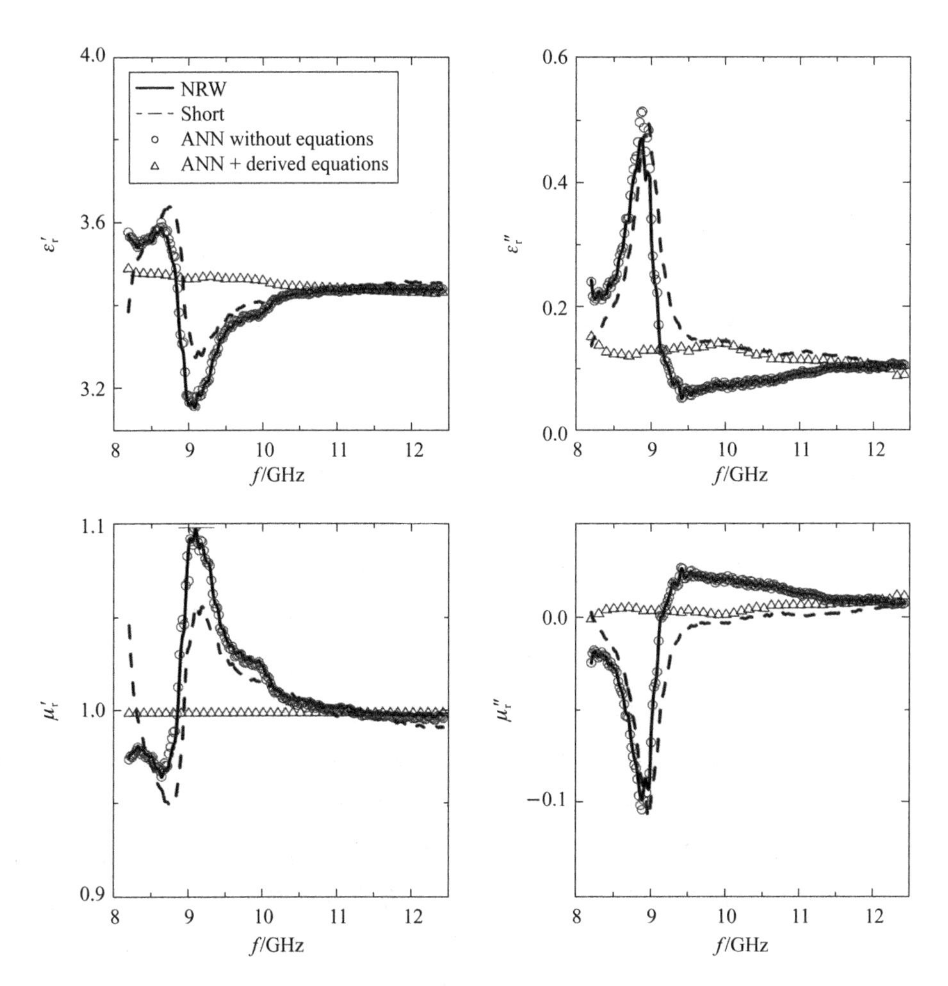

图 3-39 使用 NRW 技术[22]、短路(Short)技术[33]、无推导方程(ANN without equations)和基于推导方程(ANN+derived equations)的 ANN 模型,对长度为 9.75 mm 的 PFR 提取结果进行比较

表 3-4 PLA 的训练数据库

参数	NRW 结果	训练数据	测试数据
ε'_r	2.00～3.35	2.7:0.025:2.8	2.71:0.03:2.77
ε''_r	0.00～1.20	0:0.002 5:0.01	0.001:0.003:0.007
μ'_r	0.79～1.15	0.95:0.05:1.05	0.91:0.05:1.01
μ''_r	−0.45～0.00	0:0.002 5:0.01	0.001:0.003:0.007
f	8.2～12.4	8.2:0.1:12.4	8.2:0.1:12.4

表 3-5 PFR 的训练数据库

参数	NRW 结果	训练数据	测试数据
ε'_r	3.15～3.60	3.4:0.025:3.5	3.41:0.03:3.47
ε''_r	0.00～0.48	0.1:0.025:0.2	0.11:0.03:0.17
μ'_r	0.98～1.32	0.9:0.05:1.1	0.91:0.03:1.07
μ''_r	−0.10～0.03	0:0.05:0.01	0.001:0.003:0.007
f	8.2～12.4	8.2:0.1:12.4	8.2:0.1:12.4

我们还用经典的 NRW 技术[22]和短路技术[33]来处理测量的 S 参数。用两种技术解析提取的厚度为 7.80 mm 的 PLA 样品和厚度为 9.75 mm 的 PFR 样品的结果如图 3-38 和图 3-39 所示。对于 PLA 样品，两种技术计算的 ε'_r，ε''_r，μ'_r 和 μ''_r 的值在 12.18 GHz 处发生共振。对于 PFR 样品，文献中两种技术提取的 ε'_r，ε''_r，μ'_r和μ''_r的值在 8.98 GHz 处发生共振。PLA 样品和 PFR 样品是相对低损耗的材料，受厚度共振影响较大，导致 ε'_r，ε''_r，μ'_r 和 μ''_r 在一定频率下具有波动。

对于厚度为 7.80 mm 的 PLA 样品和厚度为 9.75 mm 的 PFR 样品，还分别建立了两个没有推导方程的 ANN 模型。在训练和测试阶段，两个人工神经网络模型的输入由表 3-4 和表 3-5 所示的 ε_r 和 μ_r 计算出来。如图 3-38 和图 3-39 所示。ANN 的输出结果接近于 NRW 技术的结果。与 NRW 技术相比，短路技术抑制但不消除共振。本节比较了该技术、NRW、短路技术和无推导方程的神经网络模型在谐振频率周围提取的计算结果[139]。采用差值的绝对值作为精度指标，差值定义为：

$$\Delta=|X-X_T|, \tag{3-44}$$

其中，X_T 为 ε_r 和 μ_r 的真值，X 为 ε_r 和 μ_r 的提取值。

表 3-6 比较了 NRW 技术、短路技术和两种 ANN 模型计算的 PLA 参数

频率/GHz	参数	真值	NRW[22]		短路[33]		无推导的 ANN（本节）		基于推导的 ANN（本节）	
			结果	Δ	结果	Δ	结果	Δ	结果	Δ
12.08	ε'_r	2.779 3	3.215 9	0.436 6	2.923 9	0.144 6	3.266 9	0.487 6	2.789 3	0.010 0
	ε''_r	−0.014 88	0.298 61	0.313 5	0.192 47	0.207 4	0.383 62	0.398 5	0.009 65	0.024 5
	μ'_r	1.012 9	0.856 7	0.156 2	0.985 6	0.027 3	0.835 5	0.177 4	0.999 2	0.013 7
	μ''_r	0.029 92	−0.072 77	0.102 7	−0.048 36	0.078 3	−0.123 82	0.153 7	0.009 65	0.020 3

续 表

频率/GHz	参数	真值	NRW[22]		短路[33]		无推导的 ANN(本节)		基于推导的 ANN(本节)	
			结果	Δ	结果	Δ	结果	Δ	结果	Δ
12.26	ε_r'	2.782 1	2.069 4	0.712 7	2.531 7	0.250 4	2.509 8	0.272 3	2.794 9	0.002 8
	ε_r''	−0.012 7	0.328 4	0.341 2	0.237 2	0.249 9	0.646 3	0.659 0	0.008 0	0.020 7
	μ_r'	1.007 3	1.310 4	0.303 1	1.191 7	0.184 4	1.111 7	0.104 4	0.999 4	0.007 9
	μ_r''	0.027 5	−0.197 22	0.224 7	−0.077 81	0.105 3	−0.224 81	0.252 3	0.005 94	0.021 6

表 3-7 比较了 NRW 技术、短路技术和两种 ANN 模型计算的 PFR 参数

频率/GHz	参数	真值	NRW[22]		短路[33]		无推导的 ANN(本节)		基于推导的 ANN(本节)	
			结果	Δ	结果	Δ	结果	Δ	结果	Δ
12.08	ε_r'	3.443 2	3.593 2	0.150 0	3.612 9	0.169 6	3.601 1	0.157 8	3.476 7	0.033 5
	ε_r''	0.173 07	0.314 12	0.141 1	0.244 4	0.071 3	0.316 19	0.143 1	0.120 91	0.052 2
	μ_r'	1.009 1	0.964 8	0.044 3	0.959 3	0.049 8	0.966 0	0.043 1	1.000 0	0.009 1
	μ_r''	0.008 12	−0.044 94	0.053 1	−0.028 01	0.036 1	−0.045 88	0.054 0	0.005 82	0.002 3
12.26	ε_r'	3.437 6	3.177 1	0.260 5	3.346 71	0.090 9	3.181 08	0.256 5	3.461 76	0.024 2
	ε_r''	0.166 7	0.405 7	0.239 0	0.487 03	0.320 4	0.419 8	0.253 1	0.127 01	0.039 7
	μ_r'	1.010 1	1.079 1	0.069 0	1.035 16	0.025 0	1.084 47	0.074 3	0.999 99	0.010 1
	μ_r''	0.009 87	−0.092 8	0.102 7	−0.107 02	0.116 9	−0.083 01	0.092 9	0.004 6	0.005 3

如表 3-6 和表 3-7 所示,所提出基于推导的 ANN 模型的结果与真实值基本一致,而其他技术提取的结果与低损耗样本中半波长整数倍对应的频率附近的真实值相差很远。

该技术解决了获得介电常数和磁导率的共振问题,同时提供了与现有的仅估计介电常数的技术相似的精度,并与经典的非迭代法和迭代法确定稳定介电常数[27,29]的技术进行了比较。如图 3-40 所示,三种技术提取的介电常数值彼此吻合得较好。

PLA 和 PFR 样本的提取结果已经在表 3-6 和表 3-7 中进行了验证,但我们使用了表 3-3 和表 3-4 中所示的合适的数据库来训练神经网络模型。需要强调的是,选择合适的训练数据也是必要的,下面将分析数据选择的技术,采用测量和计算的 $|S_{21}|$ 进行选择。选择过程包括 5 个步骤。

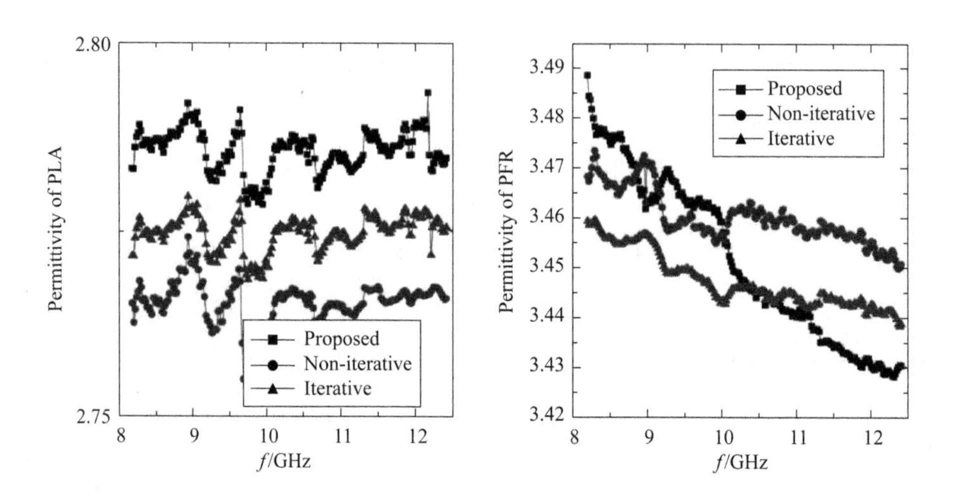

图 3-40　比较迭代法(Iterative)、非迭代法(Non-iterative)和所提出方法(Proposed)提取的厚度为 7.80 mm 的 PLA 和厚度为 9.75 mm 的 PFR 的介电常数

第一步：人工神经网络模型由表 3-8 所示的数据库进行训练。训练过程如图 3-33 所示。

表 3-8　两个样本的参数为选择数据库

参数	训练数据	样本 1	样本 2
ε_r'	3.4:0.025:3.5	3.45	3.6
ε_r''	0.1:0.025:0.2	0.15	0.25
μ_r'	0.9:0.05:1.1	0.95	1.2
μ_r''	0:0.05:0.01	0.005	0.05
f/GHz	8.2:0.1:12.4	8.2:0.1:12.4	8.2:0.1:12.4
厚度/mm	9.75	9.75	9.75

第二步：使用方程(3-41)和方程(3-42)计算样品 1 和样品 2 的测量值 S_{11} 和 S_{21}。这是合理的，因为计算结果和测量结果几乎是相同的[130]。在下面的段落中，$|S_{21M}^1|$ 表示样品 1 的测量的 $|S_{21}|$，$|S_{21M}^2|$ 表示样品 2 的测量的 $|S_{21}|$。

第三步：两个样本的 ε_r 和 μ_r 是利用所提出的技术使用第一步训练后的 ANN 模型提取出来的。

第四步：使用方程(3-41)和方程(3-42)从提取的 ε_r 和 μ_r 中计算出两个样本的 $|S_{21}|$。在下面的段落中，$|S_{21E}^1|$ 表示从样品 1 提取的 ε_r 和 μ_r 计算出的 $|S_{21}|$。

$|S_{21E}^2|$ 表示从样品 2 提取的 ε_r 和 μ_r 计算出的 $|S_{21}|$。

第五步：比较测量的 $|S_{21}|$ 和提取的 ε_r 和 μ_r 计算出的 $|S_{21}|$。如图 3-41 所示，样品 2 的 $|S_{21E}^2|$ 不等于 $|S_{21M}^2|$，训练后的神经网络模型不适用于样本 2。这是合理的，因为样本 2 的 ε_r 和 μ_r 的值超出了训练数据的范围。

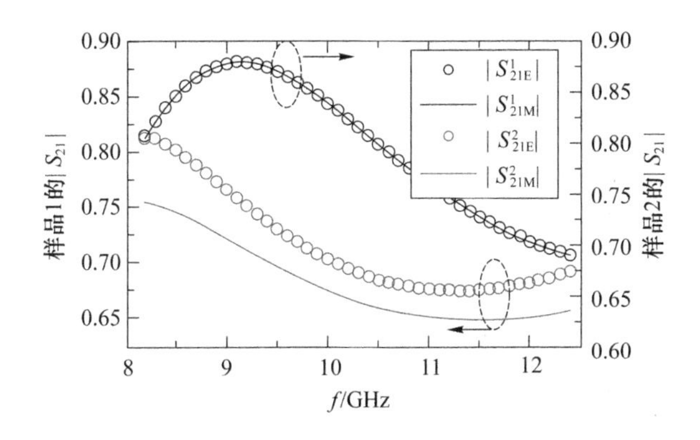

图 3-41 比较提取和测量的 $|S_{21}|$：样品 1 和样品 2

本章小结

针对基于 T/R 测试的 T-PTLM 提取单层平板材料复介电常数存在的三个不足之处，本章分别从电磁场理论和技术角度提出了三种弥补方法。第一，本章从电磁场理论出发，首次从理论上解析出了抑制 Fabry-Perot 谐振对复介电常数提取影响的公式，解决了低损耗平板 MUT 复介电常数提取谐振和多解问题，完善了提取方法的理论。本提取方法对不存在位置影响问题的毫米波自由空间 T/R 测试的 T-PTLM 至关重要。第二，针对基于同轴线和矩形波导 T/R 测试的方法不仅存在提取谐振和多解问题，还存在受到测试位置影响问题。本章分析传输线方程，应用 ANN 和文献中经典提取方法，同时弥补了三个不足。本方法虽然有较多的步骤，但是每一步的计算都很简单，易于应用。第三，基于非解析方法人工神经网络解析提取低损耗平板 MUT 的复介电常数和复磁导率。本方法详尽地推导了传输线的衰减常数 α 和相位常数 β，根据推导公式构建 ANN 模型，提取出稳定的复介电常数和复磁导率，从而解决低损耗平板 MUT 复介电常数提取谐振和多解问题，结合第二部分提出的应用 ANN 提取 MUT 测试位置，可以更便捷地弥补三个不足之处。本章得出如下重要结论:1)电磁场理论和传输线理论都是 T-PTLM 提取方法与技术的重要理论,基于传输线理论的提取结果存在问题时,可尝试使用电磁场理论解决;2)组合经典提取方法可有效叠加这些方法的优势;3)利用非解析提取方法 ANN 结合传输线理论可以提取稳定的复介电常数和复磁导率。

第 4 章

T/R 测试多层材料的 T-PTLM 研究

第 3 章提出了两种方法,弥补了基于 T/R 测试的 T-PTLM 提取单层平板复介电常数尚存的不足之处。但这些提取方法不适用于衬底上薄膜和平板间粉末/颗粒材料。如绪论所述,文献提出了多种从 T/R 测试的 S_{11} 和 S_{21} 中提取这些薄膜和粉末/颗粒的本征电磁参数的方法和技术。本章针对这些提取方法与技术尚存的不足,即衬底上薄膜本征电磁参数提取多解、提取公式复杂且受限于电磁波模式和平板间低损耗粉末/颗粒复介电常数提取谐振问题,拓展第 3 章 3.1 节的基于电磁场理论的方法,弥补这些不足,并使用 X 波段矩形波导测试和仿真验证提出的方法的可行性和优势。本章组织结构如图 4-1 所示。

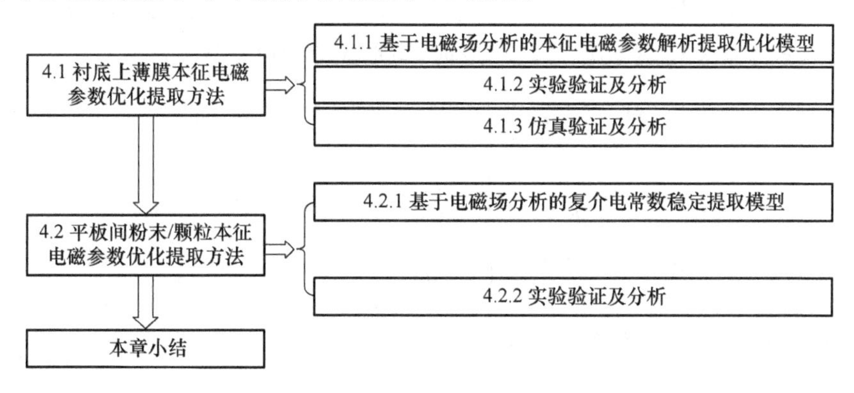

图 4-1　第 4 章组织结构

4.1　衬底上薄膜本征电磁参数优化提取方法

去除衬底影响是从 T/R 测试 S_{11} 和 S_{21} 中提取衬底上薄膜本征电磁参数的难

点。针对此难点，本节从矩形波导内电磁场分量方程和边值关系出发，提出了去除衬底影响的解析算法，提取出了薄膜的本征电磁参数[141]。相比文献的方法，本节提出的方法的优势详见表 4-1。本节方法在保证计算复杂度低、考虑相位模糊引发的多解问题的情况下，解析提取出薄膜唯一的 ε_r 和 μ_r，且同时适用于矩形波导（TE_{10} 波传输线）、同轴线（TEM 波传输线）和自由空间（TEM 波传输线）测试。本节将使用 X 波段矩形波导测试和仿真验证提出的方法的可行性。

表 4-1　衬底上薄膜测量方法比较

方法	文献[61]	文献[59]	文献[62]	文献[63]	本节方法
提取参数	ε_r	ε_r 和 μ_r	ε_r 和 μ_r	ε_r 和 μ_r	ε_r 和 μ_r
初值估计	需要	不需要	不需要	需要	不需要
相位模糊	考虑	不考虑	考虑	考虑	考虑
计算复杂度	低	高	高	高	低
适用的电磁波模式	TE_{10}，TEM	TEM	TE_{10}，TEM	TEM	TE_{10}，TEM

4.1.1　基于电磁场分析的本征电磁参数解析提取优化模型

图 4-2 展示了矩形波导中衬底上薄膜（MUT）T/R 测试电磁场模型。MUT 厚度和本征电磁参数分别为 L_1 和（ε_{1r}，μ_{1r}），衬底厚度和本征电磁参数分别为 L_2 和（ε_{2r}，μ_{2r}），只考虑 TE_{10} 主模传播。$z\leqslant 0$ 时，矩形波导内电磁场方程为：

$$H_{1z}=\cos\left(\frac{\pi}{a}x\right)(H_1^+ e^{-\gamma_0 z}+H_1^- e^{\gamma_0 z}),\tag{4-1}$$

$$H_{1x}=\frac{\gamma_0 a}{\pi}\sin\left(\frac{\pi}{a}x\right)(H_1^+ e^{-\gamma_0 z}-H_1^- e^{\gamma_0 z}),\tag{4-2}$$

$$E_{1y}=\frac{-j\omega\mu_0 a}{\pi}\sin\left(\frac{\pi}{a}x\right)(H_1^+ e^{-\gamma_0 z}+H_1^- e^{\gamma_0 z})。\tag{4-3}$$

$0\leqslant z\leqslant L_1$ 时，矩形波导内电磁场方程为：

$$H_{2z}=\cos\left(\frac{\pi}{a}x\right)(H_2^+ e^{-\gamma z}+H_2^- e^{\gamma z}),\tag{4-4}$$

$$H_{2x}=\frac{\gamma_1 a}{\pi}\sin\left(\frac{\pi}{a}x\right)(H_2^+ e^{-\gamma_1 z}-H_2^- e^{\gamma_1 z}),\tag{4-5}$$

$$E_{2y}=\frac{-j\omega\mu_1 a}{\pi}\sin\left(\frac{\pi}{a}x\right)(H_2^+ e^{-\gamma_1 z}+H_2^- e^{\gamma_1 z})。\tag{4-6}$$

$L_1\leqslant z\leqslant L_1+L_2$ 时，矩形波导内电磁场方程为：

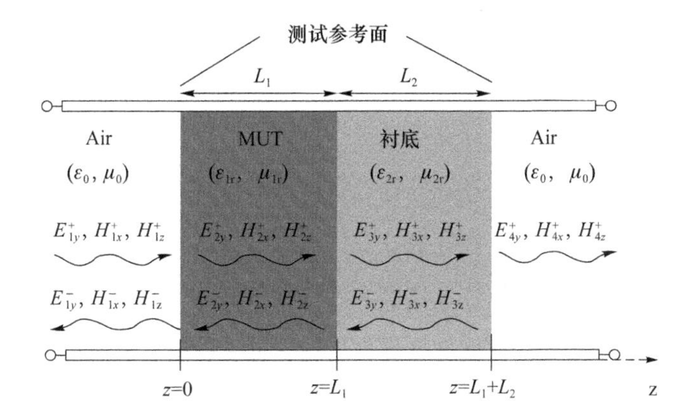

图 4-2 矩形波导中衬底上薄膜(MUT)T/R 测试电磁场模型
(在介质交界面发生多次反射,为了方便做电磁场分析,将每层材料内的相同传播方向的电磁场写为一个整体[124])

$$H_{3z}=\cos\left(\frac{\pi}{a}x\right)\left[H_3^+ \mathrm{e}^{-\gamma_2(z-L_1)}+H_3^- \mathrm{e}^{\gamma_2(z-L_1)}\right], \tag{4-7}$$

$$H_{3x}=\frac{\gamma_2 a}{\pi}\sin\left(\frac{\pi}{a}x\right)\left[H_3^+ \mathrm{e}^{-\gamma_2(z-L_1)}-H_3^- \mathrm{e}^{\gamma_2(z-L_1)}\right], \tag{4-8}$$

$$E_{3y}=\frac{-\mathrm{j}\omega\mu_2 a}{\pi}\sin\left(\frac{\pi}{a}x\right)\left[H_3^+ \mathrm{e}^{-\gamma_2(z-L_1)}+H_3^- \mathrm{e}^{\gamma_2(z-L_1)}\right]。 \tag{4-9}$$

$z\geqslant L_1+L_2$ 时,矩形波导内电磁场方程为:

$$H_{4z}=\cos\left(\frac{\pi}{a}x\right)H_4^+ \mathrm{e}^{-\gamma_0(z-L_1-L_2)}, \tag{4-10}$$

$$H_{4x}=\frac{\gamma_0 a}{\pi}\sin\left(\frac{\pi}{a}x\right)H_4^+ \mathrm{e}^{-\gamma_0(z-L_1-L_2)}, \tag{4-11}$$

$$E_{4y}=\frac{-\mathrm{j}\omega\mu_0 a}{\pi}\sin\left(\frac{\pi}{a}x\right)H_4^+ \mathrm{e}^{-\gamma_0(z-L_1-L_2)}。 \tag{4-12}$$

应用电磁场边值关系,在 $z=0$ 处:

$$H_1^+ + H_1^- = \mu_{1r}(H_2^+ + H_2^-), \tag{4-13}$$

$$\gamma_0(H_1^+ - H_1^-)=\gamma_1(H_2^+ - H_2^-), \tag{4-14}$$

在 $z=L_1$ 处:

$$\mu_{1r}(H_2^+ \mathrm{e}^{-\gamma_1 L_1}+H_2^- \mathrm{e}^{\gamma_1 L_1})=\mu_{2r}(H_3^+ + H_3^-), \tag{4-15}$$

$$\gamma_1(H_2^+ \mathrm{e}^{-\gamma_1 L_1}-H_2^- \mathrm{e}^{\gamma_1 L_1})=\gamma_2(H_3^+ - H_3^-), \tag{4-16}$$

在 $z=L_1+L_2$ 处:

$$\mu_{2r}(H_3^+ e^{-\gamma_2 L_2} + H_3^- e^{\gamma_2 L_2}) = H_4^+, \tag{4-17}$$

$$\gamma_2(H_3^+ e^{-\gamma_2 L_2} - H_3^- e^{\gamma_2 L_2}) = \gamma_0 H_4^+, \tag{4-18}$$

其中，

$$\gamma_0 = \mathrm{j}\sqrt{\omega^2 \mu_0 \varepsilon_0 - \left(\frac{2\pi}{\lambda_c}\right)^2}, \tag{4-19}$$

$$\gamma_1 = \mathrm{j}\sqrt{\omega^2 \mu_{1r} \varepsilon_{1r} \mu_0 \varepsilon_0 - \left(\frac{2\pi}{\lambda_c}\right)^2} \tag{4-20}$$

$$\gamma_2 = \mathrm{j}\sqrt{\omega^2 \mu_{2r} \varepsilon_{2r} \mu_0 \varepsilon_0 - \left(\frac{2\pi}{\lambda_c}\right)^2}。 \tag{4-21}$$

在以上方程中，γ_0、γ_1 和 γ_2 分别是空气填充、MUT 填充和衬底填充的传输线的传播常数，λ_c 是传输线的截止波长。对于同轴线和自由空间测试，λ_c 无穷大。在介质交界面建立电磁场边值关系方程后，根据 S 参数定义，建立 S 参数关于电磁场分量的方程[87,88]：

$$S_{11} = \frac{E_{1y}^-}{E_{1y}^+}, \tag{4-22}$$

$$S_{21} = \frac{E_4^+}{E_1^+}。 \tag{4-23}$$

现在对方程(4-13)至方程(4-23)做计算，一系列推导后，可得薄膜相对复磁导率表达式为：

$$\mu_{1r} = \frac{\gamma_1[\mu_{2r}(A+B) - (1+S_{11})(e^{-\gamma_1 L_1} + e^{\gamma_1 L_1})]}{\gamma_0(1-S_{11})(e^{-\gamma_1 L_1} - e^{\gamma_1 L_1})}, \tag{4-24}$$

$$G = \frac{4\gamma_0(1-S_{11}^2) + \mu_{2r}\gamma_2(A^2 - B^2)}{\gamma_0 \mu_{2r}(1-S_{11})(A+B) + \gamma_2(1+S_{11})(A-B)}, \tag{4-25}$$

其中，

$$A = e^{\gamma_2 L_2} S_{21}\left(\frac{1}{\mu_{2r}} + \frac{\gamma_0}{\gamma_2}\right), \tag{4-26}$$

$$B = e^{-\gamma_2 L_2} S_{21}\left(\frac{1}{\mu_{2r}} - \frac{\gamma_0}{\gamma_2}\right), \tag{4-27}$$

$$G = G_1 + \mathrm{j}G_2 = e^{-\gamma_1 L_1} + e^{\gamma_1 L_1}。 \tag{4-28}$$

根据 MUT 的传播常数 $\gamma_1 = \alpha_1 + \mathrm{j}\beta_1$，通过方程(4-28)可以计算出 MUT 的损耗常数 α_1 和相位常数 β_1：

$$\alpha_1 = \frac{1}{2L_1} a\cosh\left(\frac{\kappa}{2}\right) \tag{4-29}$$

$$\beta_1=\frac{1}{L_1}\left[a\cos\left(\frac{G_1}{\kappa}\right)+2n\pi\right],\quad n=0,1,2,\cdots,\tag{4-30}$$

或者

$$\beta_1=\frac{1}{L_1}\left[-a\cos\left(\frac{G_1}{\kappa}\right)+2(n+1)\pi\right],\quad n=0,1,2,\cdots,\tag{4-31}$$

其中,

$$\kappa=\frac{G_1^2+G_2^2+\sqrt{\Delta}}{2},\tag{4-32}$$

$$\Delta=(G_1^2+G_2^2)^2+8(2-G_1^2+G_2^2)。\tag{4-33}$$

根据 MUT 的物理特性和相位展开技术[45],可以确定 β_1 的唯一解,也可以通过对比计算群延时和测试群延时[22],来确定 MUT 本征电磁参数的唯一解。用于计算测试群延时的传播因子 T 为:

$$T=\exp(-\gamma_1 L_1)。\tag{4-34}$$

因此,可从方程(4-28)计算出 T 的测试值为 $(G\pm\sqrt{G^2-4})/2$ 的值,其中的“±”可由 T 的幅值小于 1 确定。一旦 γ_1 被唯一确定,μ_{1r} 可以通过方程(4-24)、方程(4-26)和方程(4-27)求解出来。然后重构方程(4-20),薄膜相对复介电常数 ε_{1r} 可表示为:

$$\varepsilon_{1r}=\frac{\left(\frac{2\pi}{\lambda_c}\right)^2-\gamma_1^2}{\omega^2\mu_{1r}\mu_0\varepsilon_0}。\tag{4-35}$$

4.1.2 实验验证及分析

图 4-3 展示了衬底上薄膜(MUT)X 波段矩形波导测试系统图片及填充 MUT 的矩形波导片的示意图,用于放置 MUT 的波导片长度 L_0 为 9.78 mm。本节测试系统及其校准与第 3 章 3.2 节的测试系统一致,测试吸波材料和低损耗材料验证提出的方法的可行性。

首先,将一块本征电磁参数未知、厚度为 2.65 mm 的吸波材料放置在本征电磁参数已知、厚度为 1.91 mm 的聚乳酸(Polylactic acid,PLA)衬底(本征电磁参数约为:$\varepsilon_r=2.75-j0.01$,$\mu_r=1$)上。如图 4-3 所示,将两块材料的“长×宽”精加工至“22.86 mm×10.16 mm”后,填充进长度为 9.78 mm 的 X 波段矩形波导,T/R 测试

波导的 S 参数；然后，将一块本征电磁参数未知、厚度为 1.99 mm 的低损耗材料放置在本征电磁参数已知、厚度为 1.86 mm 烯共聚物(Acrylonitrile butadiene styrene,ABS)衬底(其本征电磁参数约为：$\varepsilon_r=2.65-j0.01$，$\mu_r=1$)上。两个 S 参数的测试结果如图 4-4 所示。

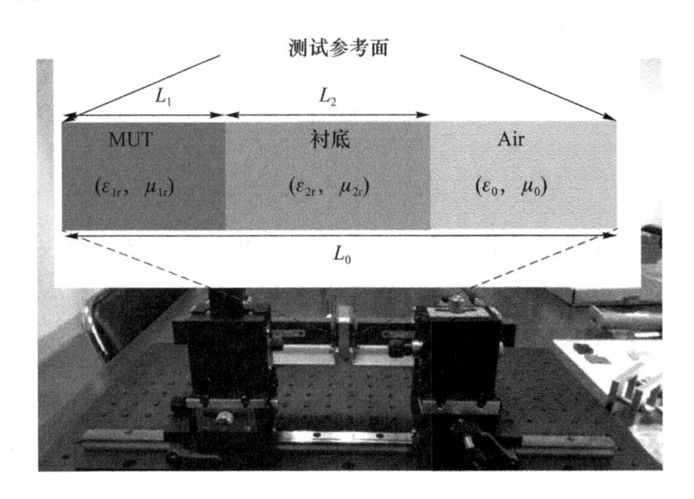

图 4-3　衬底上薄膜(MUT)测试系统照片及填充 MUT 的波导片示意图

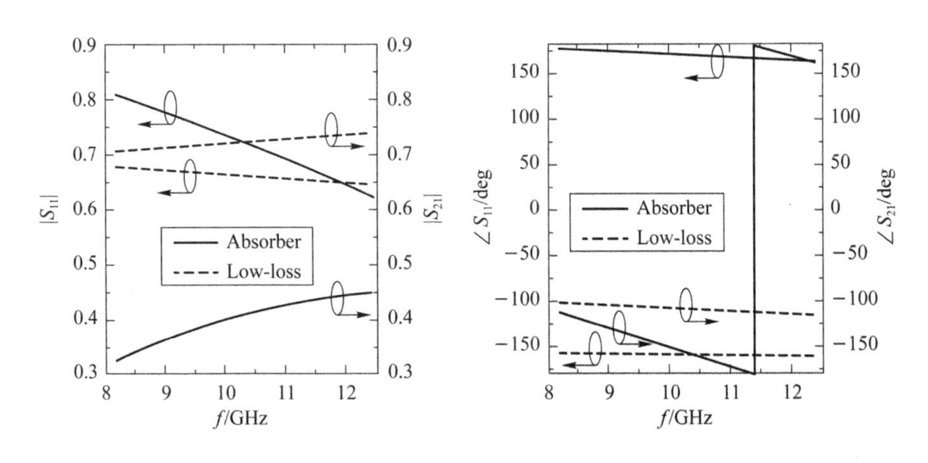

图 4-4　衬底和吸波(Absorber)材料填充以及衬底和低损耗(Low-loss)材料填充的矩形波导的 S 参数

之后，使用本节提出的模型提取两种 MUT 的本征电磁参数，提取结果如图 4-5 所示。可以看出，提取结果在物理上是合理的。与没有衬底上薄膜材料的标准本征电磁参数值作对比，本节将使用仿真数据进一步验证提出的方法。

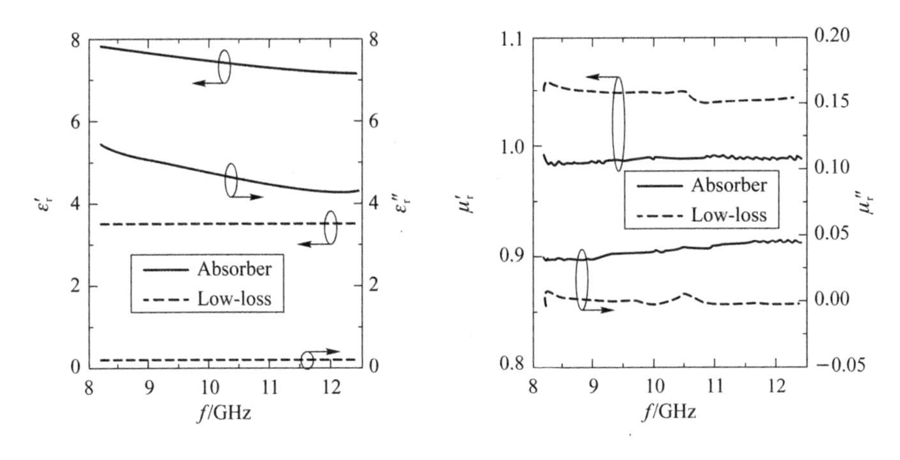

图 4-5 吸波(Absorber)和低损耗(Low-loss)MUT 的相对复介电常数和相对复磁导率提取结果

4.1.3 仿真验证及分析

参考第 3 章 3.2 节的仿真方法，使用 HFSS 仿真 X 波段矩形波导测试。仿真 MUT 的厚度为 0.1 mm，本征电磁参数来自参考文献中 Absorber 的数据[22]；仿真衬底的厚度为 5 mm，本征电磁参数设置为 $\varepsilon_r = 2.08 - j0.002\,08$，$\mu_r = 1$；仿真的矩形波导片长度为 5.1 mm。仿真 S 参数如图 4-6 所示。使用本节提出的方法处理仿真 S 参数，如图 4-7 所示，对于 Absorber 来说，提取的结果与仿真设置数据相同，进而证明提出的方法有效。

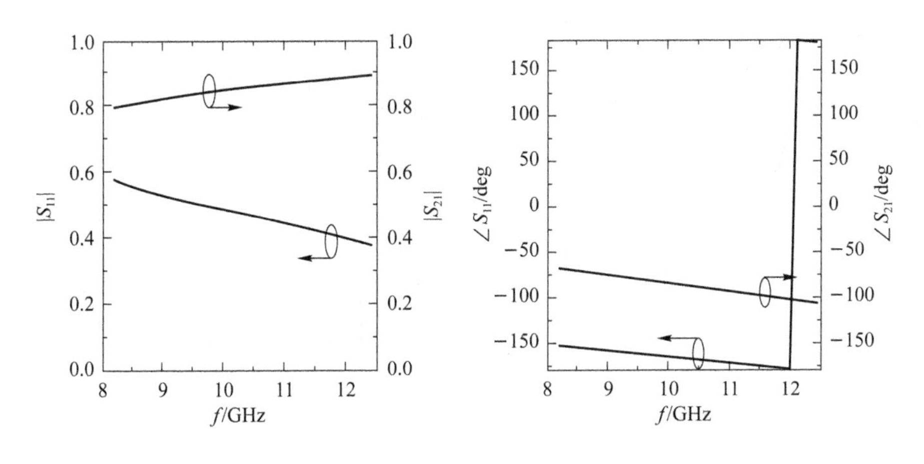

图 4-6 衬底和 Absorber 填充的矩形波导 S 参数

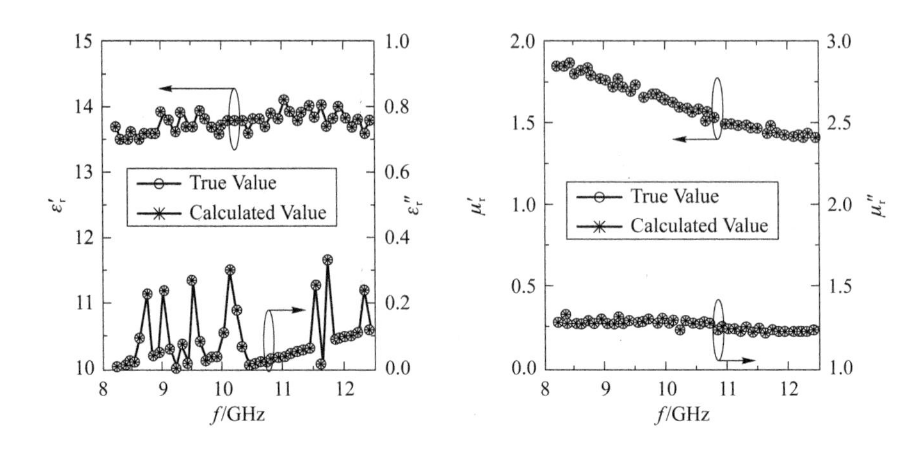

图 4-7 仿真 Absorber 本征电磁参数真实值(True Value)和提取值(Calculated Value)对比

除了仿真 Absorber 外，本节还在 HFSS 中仿真了 Low-loss 材料。为了验证提出的方法是否可以消除 Fabry-Perot 谐振引起的本征电磁参数测量误差，设置仿真的 Low-loss 材料的厚度为 40 mm，本征电磁参数设置为 $\varepsilon_r=4.5-j0.009$，$\mu_r=1$；仿真的衬底材料的厚度为 2 mm，电磁参数设置为 $\varepsilon_r=2.08-j0.00208$，$\mu_r=1$。需要特别指出的是，为了模拟真实测试，需要设置仿真端口和 MUT 之间的空气间隙[33]，本节设置的间隙为 0.025 4 mm(0.001 inch)。仿真 S 参数如图 4-8 所示，Low-loss 材料填充的矩形波导的 S 参数谐振。如图 4-9 所示，对于发生 Fabry-Perot 谐振的低损耗材料，本节提出的方法存在测量不稳定问题，但是本节的研究对象为薄膜，常见薄膜不会发生 Fabry-Perot 谐振。只有当待测 Low-loss 薄膜的介电常数十分大，导致其电厚度达到电磁波半波长整数倍时，才会出现提取失效的情况。

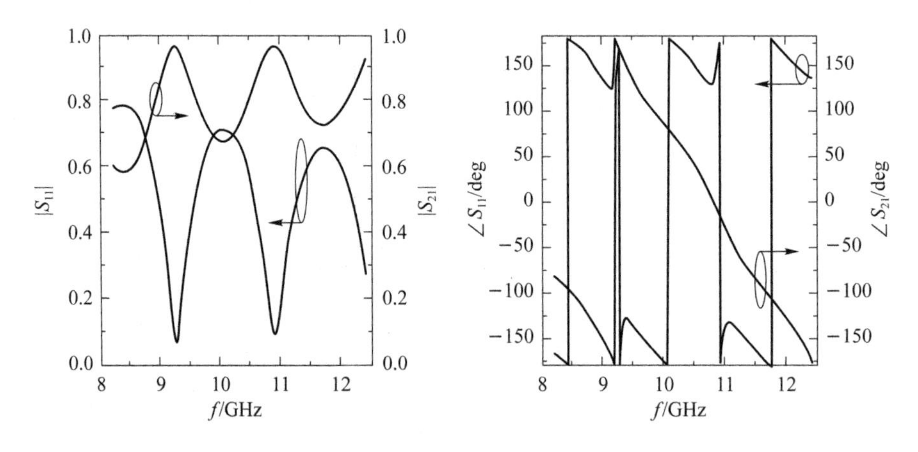

图 4-8 衬底上和 Low-loss 材料填充的矩形波导 S 参数

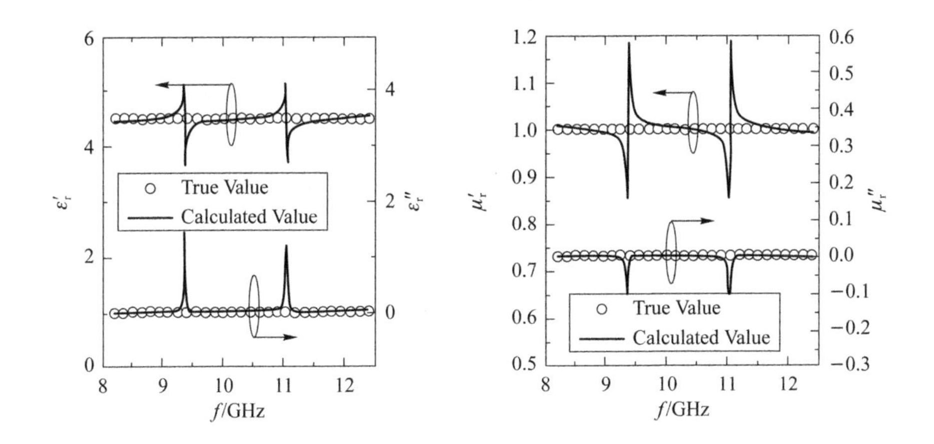

图 4-9 仿真 Low-loss 材料本征电磁参数真实值(True Value)和提取值(Calculated Value)对比

4.2 平板间粉末/颗粒本征电磁参数优化提取方法

上一节基于电磁场分析提出了提取衬底上薄膜本征电磁参数的优化方法。根据电磁场边值关系建立的本征电参数提取模型,可消除衬底对薄膜本征电磁参数测量的影响。本节在上一节基础上,将基于电磁场分析的方法拓展到 T/R 测试平板间粉末/颗粒的提取算法上,消除了平板对粉末/颗粒本征电磁参数提取的影响[142]。本节提出的方法对比文献中的方法,除了易于应用外,最大优势在于当测量的低损耗粉末/颗粒存在 Fabry-Perot 谐振时,可提取稳定的复介电常数。本节提出的模型建立在矩形波导测试之上,但是该方法也适用于同轴线和自由空间测试。本节将使用 X 波段矩形波导测试三种材料,验证提出的方法的可行性和优势。

4.2.1 基于电磁场分析的复介电常数稳定提取模型

如图 4-10 所示,T/R 测试粉末/颗粒时,将待测物和平板填充进三个区域。其中,区域Ⅱ是厚度为 L 的粉末/颗粒 MUT(其相对复介电常数未知,设为 $\varepsilon_r=\varepsilon'_r-j\varepsilon''_r$),区域Ⅰ和区域Ⅲ是两块厚度为 L_1 的低损耗平板(其相对复介电常数已知,设为 $\varepsilon_{1r}=\varepsilon'_{1r}-j\varepsilon''_{1r}$)。平板与二端口传输线两个端口的距离分别为 δL_1 和 δL_2。为了清晰地展示图片,未将电磁场分量标在图 4-10 中。

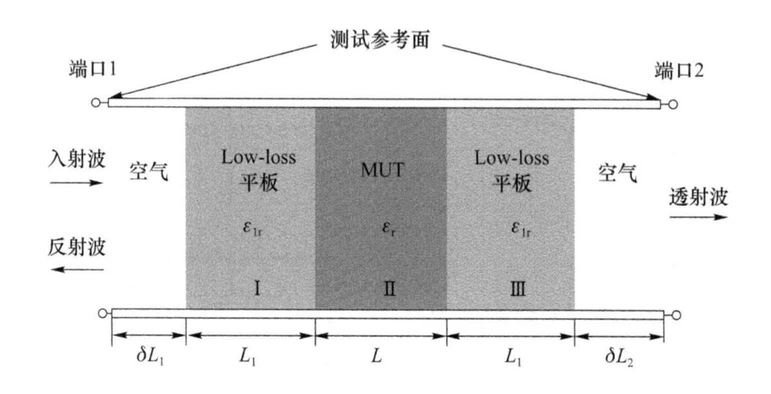

图 4-10　平板间粉末/颗粒 MUT 测试示意图

参考本章 4.1 节所示方法，根据电磁场分量方程、电磁场边值关系和 S 参数定义，推导出粉末/颗粒 MUT 本征电磁参数关于测试 S_{11} 和 S_{21} 的表达式：

$$\varepsilon_r=\frac{\gamma_0^2+\omega^2\mu_0\varepsilon_0-\gamma^2}{\omega^2\mu_0\varepsilon_0},\tag{4-36}$$

$$\mu_r=\frac{\gamma\mu_{1r}[2(\Lambda_3+\Lambda_4)-(\Lambda_1 e^{-\gamma_1 L_1}+\Lambda_2 e^{\gamma_1 L_1})(e^{-\gamma L}+e^{\gamma L})]}{\gamma_1(\Lambda_1 e^{-\gamma_1 L_1}-\Lambda_2 e^{\gamma_1 L_1})(e^{-\gamma L}-e^{\gamma L})},\tag{4-37}$$

其中，γ_0、γ_1 和 γ 分别是空气填充、Low-loss 平板填充和粉末/颗粒 MUT 填充的传输线的传播常数。本节中的 γ 计算结果为：

$$\gamma=\frac{1}{L}\ln\frac{\Lambda_5\pm\sqrt{\Lambda_5-4}}{2},\tag{4-38}$$

其中，

$$\Lambda_5=\frac{\Lambda_1^2 e^{-2\gamma_1 L_1}-\Lambda_2^2 e^{2\gamma_1 L_1}+\Lambda_3^2-\Lambda_4^2}{\Lambda_1\Lambda_3 e^{-2\gamma_1 L_1}-\Lambda_2\Lambda_4 e^{2\gamma_1 L_1}},\tag{4-39}$$

其中，

$$\Lambda_1=\frac{1}{2}\left[\frac{1+S_{11}e^{2\gamma_0\delta L_1}}{\mu_{1r}}+\frac{\gamma_0(1-S_{11}e^{2\gamma_0\delta L_1})}{\gamma_1}\right],\tag{4-40}$$

$$\Lambda_2=\frac{1}{2}\left[\frac{1+S_{11}e^{2\gamma_0\delta L_1}}{\mu_{1r}}-\frac{\gamma_0(1-S_{11}e^{2\gamma_0\delta L_1})}{\gamma_1}\right],\tag{4-41}$$

$$\Lambda_3=\frac{1}{2}e^{\gamma_1 L_1}S_{21}e^{\gamma_0\delta L_2}\left(\frac{1}{\mu_{1r}}+\frac{\gamma_0}{\gamma_1}\right),\tag{4-42}$$

$$\Lambda_4=\frac{1}{2}e^{\gamma_1 L_1}S_{21}e^{\gamma_0\delta L_2}\left(\frac{1}{\mu_{1r}}-\frac{\gamma_0}{\gamma_1}\right)。\tag{4-43}$$

方程(4-38)表明，γ 的表达式中的“±”需要被确定，且 γ 的表达式涉及复数的对数函数值，会解出 n 个解[22]，其中 n 是正整数。为此，必须确定 γ 表达式和唯一解。首先,根据 MUT 是无源的,可得 Re(γ)应该是正数[132],进而确定表达式中“±”为“+”或者“−”。之后,根据 MUT 的介电特性,使 μ_r 最接近 1 的第 k 个解即为唯一正确的 γ。由于方程(4-36)中 $\varepsilon_r=\varepsilon_r\mu_r$,因此即使低损耗 MUT 厚度等于 MUT 内电磁波半波长整数倍,提取的 MUT 的 ε_r 仍然稳定[25]。本节提出的测量模型的应用步骤如图 4-11 所示。

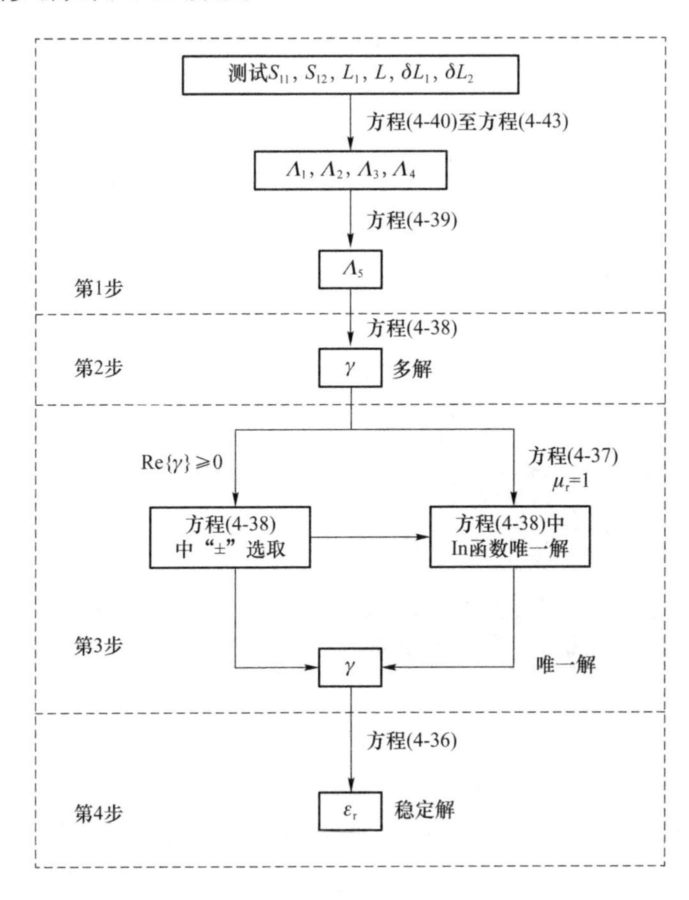

图 4-11 平板间粉末/颗粒 *MUT* 相对复介电常数测量步骤

第 1 步:根据方程(4-40)至方程(4-43),从测试的 S_{11}、S_{21}、L_1、L、δL_1 和 δL_2 计算出 Λ_1、Λ_2、Λ_3 和 Λ_4。然后使用方程(4-39),从计算得到的 Λ_1、Λ_2、Λ_3 和 Λ_4 中计算出 Λ_5。

第 2 步:根据方程(4-38),从计算得到的 Λ_5 计算出传播常数 γ。此时的 γ 多解。

第 3 步:根据 Re{γ}≥0,确定方程(4-38)中的“±”为“+”或者“−”;确定符号

后，根据 $\mu_r=1$，根据方程(4-37)确定 γ 表达式中 ln 函数的唯一解。

第 4 步：将 γ 代入方程(4-36)，求出稳定的 ε_r。

4.2.2 实验验证及分析

使用土壤(Soil)、谷物(Grain)和空气(Air)验证提出的方法的可行性和优势。测试系统为本章 4.1 节所示的 X 波段矩形波导测试系统。测试分为两类：1)测试的 MUT 不发生 Fabry-Perot 谐振；2)测试的 MUT 发生 Fabry-Perot 谐振。

第一类：MUT 中不发生 Fabry-Perot 谐振。这类测试使用长度为 9.78 mm 的 X 波段矩形波导作为待测传输线，两块厚度为 1.95 mm 的透明聚氯乙烯(Polyvinyl Chloride，PVC)作为 Low-loss 夹板，土壤和谷物作为 MUT。图 4-12 展示了装有谷物 MUT 的待测矩形波导照片和填充示意图。

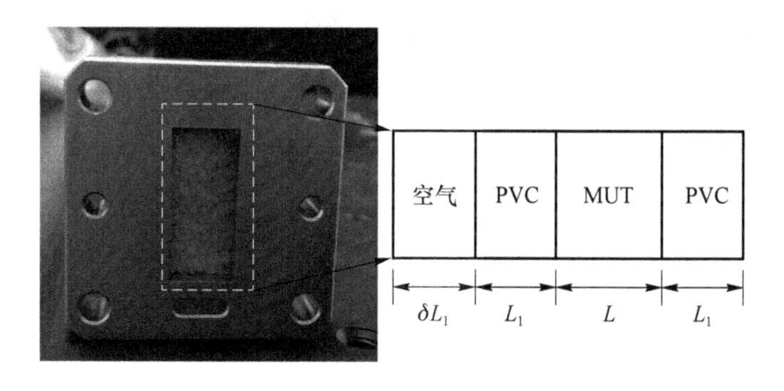

图 4-12　厚度为 9.78 mm 的矩形波导：装有谷物 MUT

第二类：MUT 中发生 Fabry-Perot 谐振。这类测试使用长度为 140 mm 的 X 波段矩形波导作为待测传输线，两块厚度为 2 mm 的烯共聚物(Acrylonitrile Butadiene Styrene，ABS)作为 Low-loss 夹板，空气作为 MUT。图 4-13 展示了装有空气 MUT 的待测矩形波导和填充示意图。

在测试填充谷物或者土壤的 9.78 mm 矩形波导 S 参数之前，首先测量图 4-12 所示的 δL_1 和 MUT 填充厚度 L。为此，将一块厚度为 8 mm 的介质板，插入填充后的矩形波导中，测试介质板凸出和矩形波导厚度之和，记为 L_{total}。MUT 填充厚度 $L=L_{\text{total}}-8\ \text{mm}-1.95\times 2\ \text{mm}$，$\delta L_1=9.78\ \text{mm}-L-1.95\times 2\ \text{mm}$。应用上述方法，测量出谷物填充的矩形波导厚度为 4.16 mm，土壤填充的矩形波导厚度为 1.41 mm。

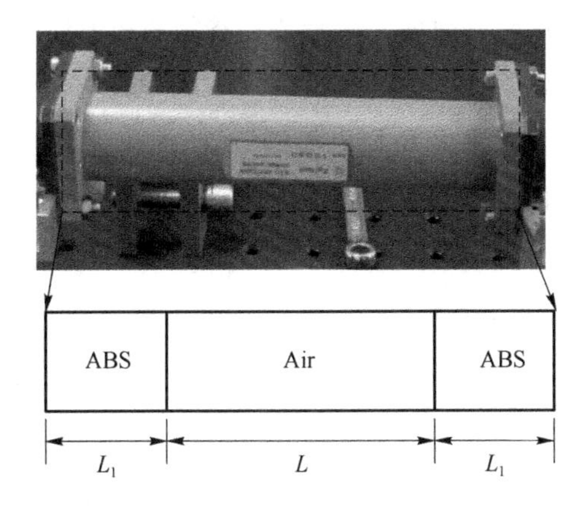

图 4-13 厚度为 140 mm 的矩形波导:两块厚度为 2 mm 的 ABS 堵住

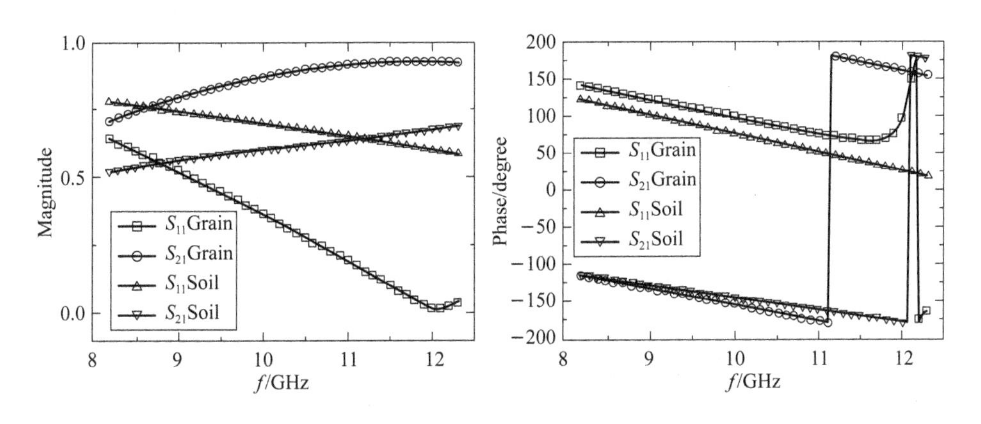

图 4-14 夹有谷物(Grain)和土壤(Soil)的 9.78 mm 矩形波导片的 S_{11} 和 S_{21} 幅值和相位

谷物和土壤填充后,矩形波导的 S_{11} 和 S_{21} 测试幅值和相位参数如图 4-14 所示。从装有谷物矩形波导的 S_{11} 和 S_{21} 幅值和相位可以确定,将谷物与 PVC 看作整体时发生 Fabry-Perot 谐振,谐振频点在 12 GHz 附近,可推断谷物是低损耗的。但是,不能确定谷物中是否发生 Fabry-Perot 谐振。需要特别指出的是,土壤含水量比较高,土壤为损耗材料,填充厚度不能太大,否则会出现 S_{21} 小于测试设备测量阈值的情况,进而导致测量结果失效[76]。如图 4-15 所示,ABS 堵上 140 mm 矩形波导后,在 5 个频点发生 Fabry-Perot 谐振,谐振频率约为 8.75 GHz、9.5 GHz、10.25 GHz、11.2 GHz 和 12.0 GHz。

使用文献[62]中经典的去嵌入技术(De-embed Technique)和本节提出的解析提取方法处理测试数据。如图 4-16 所示,对于谷物和土壤,两种方法提取结果相近，证明本节提出的方法是有效的。尽管装有谷物的矩形波导的 S 参数发生谐振，但是提取的复介电常数没有谐振。由此确定谷物中没有发生 Fabry-Perot 谐振。需要特别指出的是，两种方法提取的土壤的 ε_r' 存在较大的差别，需要分析产生这个现象的原因，从而分析提出的方法的特性。

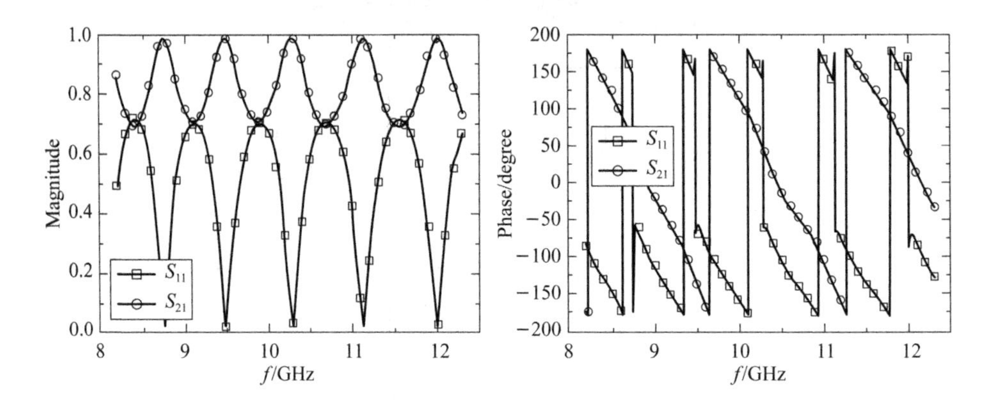

图 4-15　ABS 堵上的 140 mm 矩形波导的 S_{11} 和 S_{21} 幅值和相位

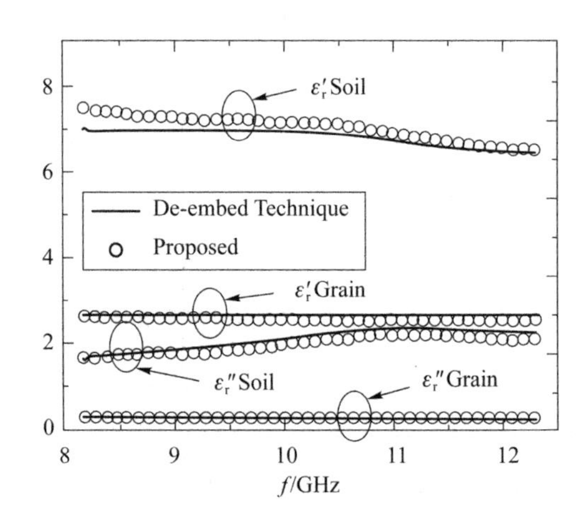

图 4-16　对比文献中的 De-embed Technique[62] 和
本节提出的方法(Proposed)：谷物(Grain)和土壤(Soil)

根据如图 4-17 所示的土壤填充照片，分析出土壤填充不充分是提取结果有差别的原因。本节提出的方法仅受 S_{11} 和 S_{21} 影响，而 De-embed Technique 需要使用 S_{11}、S_{21}、S_{11} 和 S_{21} 进行矩阵运算，因此，填充缝隙对 De-embed Technique 影响更大。填充缝隙会导致土壤表面的反射减小，进而导致其等效的 ε_r' 较小，所以 De-embed Technique 提取的 ε_r' 较小。此外，土壤可能填充得不均匀，也是导致两种方法提取结果不一致的原因。

图 4-17　X 波段矩形波导测试土壤填充照片

如图 4-18 所示，当文献中的 De-embed Technique 提取的空气的 ε_r 存在谐振时，本节提出的方法的提取结果稳定，且与空气真实的 ε_r 吻合，展示出了本节提出的方法的优势。

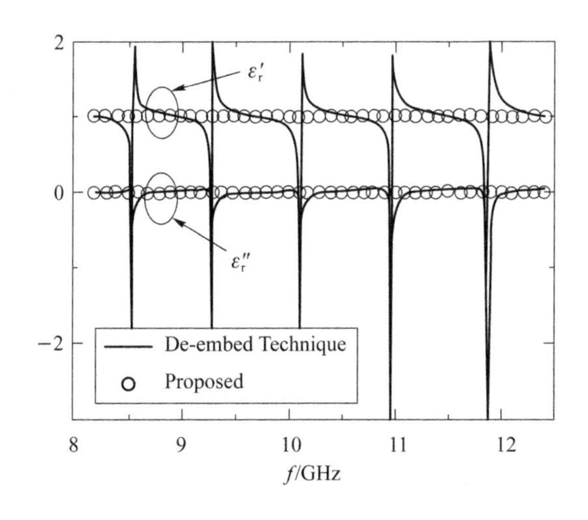

图 4-18　对比文献中的 De-embed Technique[62] 和本节提出的方法(Proposed)：空气

本章小结

针对基于 T/R 测试的 T-PTLM 在提取衬底上薄膜和平板间粉末/颗粒本征电磁参数方面尚存的不足，本章拓展了第 3 章基于电磁场理论的方法，推导出了 MUT 本征电磁参数关于测试 S_{11} 和 S_{21} 的解析式。解析式和 NRW 解析算法一样简单，且同时适用于同轴线、矩形波导和自由空间测试。更重要的是，对于衬底上的薄膜，本章提出的方法相比文献中的方法，具有提取结果唯一的优势；对于平板间的粉末/颗粒，本章提出的方法相比文献中的方法，具有消除复介电常数提取谐振的优势。本章得出如下重要结论：基于电磁场理论的提取方法可拓展基于 T/R 测试的 T-PTLM 测量层状材料中任意层的本征电磁参数。

第5章

R-O和T-O测试单层材料的T-PTLM研究

第3章和第4章全面优化了基于T/R测试的T-PTLM的主流提取方法与技术。但是，单端口测试设备无法进行T/R测试，300 GHz以上自由空间T/R测试的S_{11}不准确，为此文献报道了多种基于R-O和太赫兹自由空间T-O测试的T-PTLM。如绪论所述，这些T-PTLM通常仅用于测量单层平板本征电磁参数，相关的主流提取方法与技术尚存三个不足。本章将逐一弥补这些不足。

针对从R-O测试的S参数中提取MUT的本征电磁参数的解析法存在多解的问题[77]，本章分析了短路和匹配反射的S参数方程，针对无F-P谐振和有F-P谐振分别提出了新型的解析提取模型，求解出了MUT唯一的复介电常数和厚度；针对R-O测试的S参数对MUT测试位置敏感的问题，本章基于ANN提出了消除MUT测试位置影响的方法；针对基于T-O测试的T-PTLM的提取方法与技术存在初值估计的问题，本章分析了太赫兹传输系数幅值和相位特性，提出了MUT介电常数估计模型，提高了平板太赫兹复介电常数测量的准确度。本章将实验或仿真验证提出的三种方法。本章组织结构如图5-1所示。

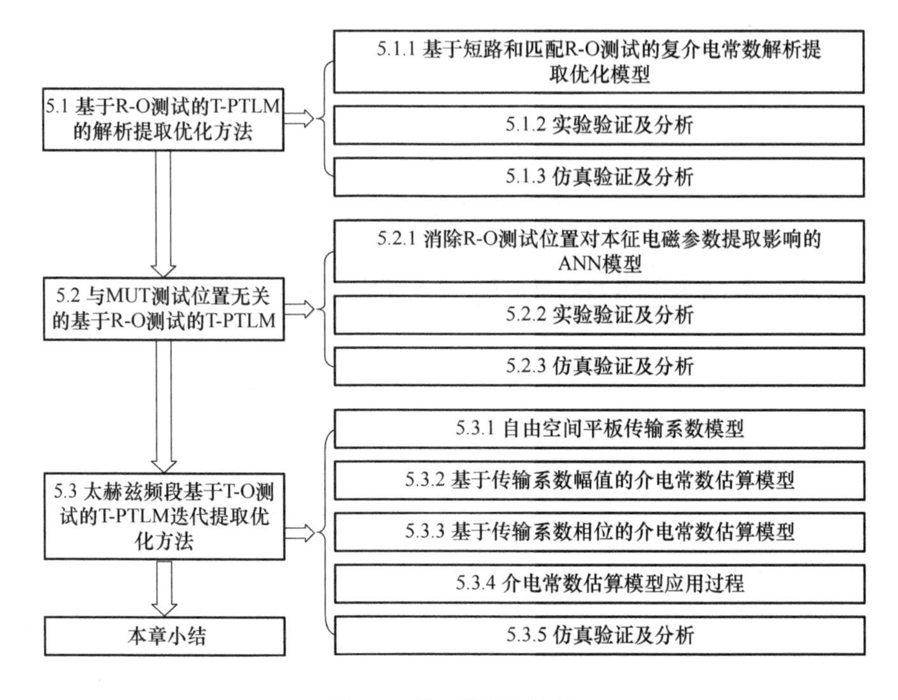

图 5-1　第 5 章组织结构

5.1　基于 R-O 测试的 T-PTLM 的解析提取优化方法

本节基于短路和匹配 R-O 测试，提出了一种解析提取 MUT 复介电常数的优化方法[143]，通过解析短路和匹配反射系数方程，求解出平板 MUT 唯一的复介电常数。需要指出的是，本节提出的方法仅适用于介电材料，即 MUT 的 μ_r 为 1 的材料。相比文献中的提取方法，本节提出的方法优势如表 5-1 所示。相比文献中基于短路和匹配反射测试的解析提取方法和基于短路反射测试的迭代提取算法[17,77]，本节提出的方法在不需要初值估计的前提下可解析出 MUT 唯一的复介电常数。相比文献中基于不对称反射幅值测试的解析提取方法[76]，本节提出的方法的计算复杂度低。相比经典 NRW 提取方法和四参数迭代提取算法[22,27]，本节提出的方法的最大优势是可以单端口测试。同时，本节提出的方法可以在 MUT 厚度未知的情况下提取无 F-P 谐振和有 F-P 谐振的 MUT 复介电常数，并计算 MUT 厚度。本节将使用 X 波段矩形波导测试两块样品验证提出的方法的可行性和优势。

表 5-1 对比经典提取方法和本节提出的方法

方法	文献[17]	文献[77]	文献[76]	文献[22]	文献[27]	本工作
测试设备端口数量	1	1	1	2	2	1
是否唯一解	是	否	是	是	否	是
是否需要初值估计	否	是	否	否	是	否
厚度测定	否	否	否	否	否	是
计算复杂度	低	低	高	低	低	低

5.1.1 基于短路和匹配 R-O 测试的复介电常数解析提取优化模型

本节提出模型适用于短路和匹配 R-O 测试。如图 5-2 所示，本方法的测试分为两步：1）将厚度为 L 的 MUT 放置进长度为 L_0 的二端口传输线，MUT 与测试端口距离为 $L_{air}=L_0-L$，测试二端口传输线终端短路反射系数，记为 S_{11s}；2）测试二端口传输线的终端匹配反射系数，记为 S_{11m}。

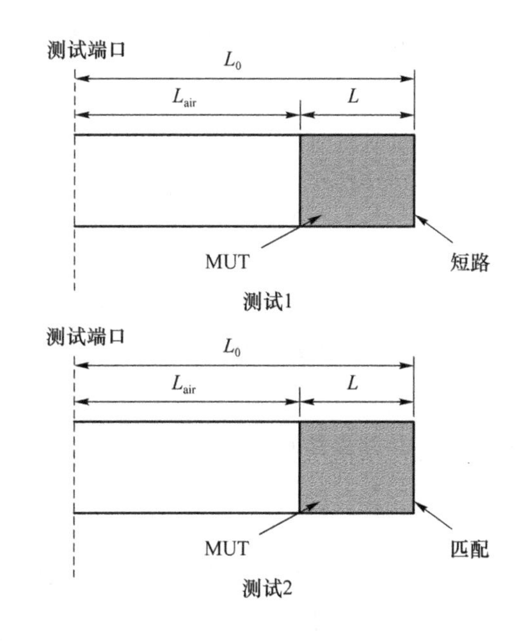

图 5-2 R-O 测试示意图：传输线装入 MUT 后，分别进行终端短路和匹配测试

根据本书第 2 章 2.2 节理论基础，S_{11s} 和 S_{11m} 理论表达式为[33,145]：

$$S_{11s}=e^{-2\gamma_0 L_{air}}\frac{\Gamma-T^2}{1-\Gamma T^2},\tag{5-1}$$

$$S_{11m}=e^{-2\gamma_0 L_{air}}\frac{\Gamma(1-T^2)}{1-\Gamma^2 T^2},\tag{5-2}$$

其中，空气和 MUT 交界面处第一次反射的反射系数 Γ 理论表达式为：

$$\Gamma=\frac{\gamma_0-\gamma}{\gamma_0+\gamma},\tag{5-3}$$

MUT 填充的传输线的传播因子 T 理论表达式为：

$$T=e^{-\gamma L},\tag{5-4}$$

其中，MUT 填充的传输线的传播常数 γ 的理论表达式为：

$$\gamma=j\sqrt{\omega^2\varepsilon_r\mu_0\varepsilon_0-\left(\frac{2\pi}{\lambda_c}\right)^2}。\tag{5-5}$$

理论公式已全部写出，现在进行解析求解。首先重构方程(5-1)，得到 T^2 表达式为：

$$T^2=\frac{\Gamma-S_{11s}e^{2\gamma_0 L_{air}}}{1-\Gamma S_{11s}e^{2\gamma_0 L_{air}}}。\tag{5-6}$$

然后，将方程(5-6)代入方程(5-2)，计算出如下表达式：

$$\Gamma^3-X\Gamma^2+X\Gamma-1=0,\tag{5-7}$$

其中，

$$X=\frac{1+S_{11s}e^{2\gamma_0 L_{air}}+S_{11m}S_{11s}e^{4\gamma_0 L_{air}}}{S_{11m}e^{2\gamma_0 L_{air}}}。\tag{5-8}$$

重组方程(5-7)，可推导出：

$$[\Gamma^2+(1-X)\Gamma+1](\Gamma-1)=0。\tag{5-9}$$

由于 Γ 不等于 1，方程(5-9)可以简化为：

$$\Gamma^2+(1-X)\Gamma+1=0。\tag{5-10}$$

根据二次方程求根公式，Γ 的表达式为：

$$\Gamma=\frac{X-1\pm\sqrt{(1-X)^2-4}}{2}。\tag{5-11}$$

由于 MUT 是无源材料，方程(5-11)中的"±"符号可通过 $|\Gamma|\leqslant 1$ 确定。最后，将方程(5-5)代入方程(5-3)，得到 ε_r 的解析解为：

$$\varepsilon_r=\frac{\left(\frac{2\pi}{\lambda_c}\right)^2-\gamma^2}{\omega^2\mu_r\mu_0\varepsilon_0}。\tag{5-12}$$

根据以上计算过程，总结如下：在测试出短路和匹配反射系数 S_{11s} 和 S_{11m} 后，将其代入方程(5-8)计算出 X，再将 X 代入方程(5-11)计算出 Γ，最后将 Γ 代入方程(5-12)计算出 MUT 的复介电常数。解析计算过程十分简单，更重要的是解析计算的结果不存在多解。除此之外，还可以看出，将测试端口校准至 MUT 表面，在 MUT 厚度未知的情况下，依然可以提取出 MUT 唯一的复介电常数。

1. 推导 MUT 复介电常数和厚度

由于 MUT 为 $\mu_r=1$ 的非介电材料，可以得到 γ 的解析为：

$$\gamma=\frac{1-\Gamma}{1+\Gamma}\gamma_0。 \tag{5-13}$$

将方程(5-13)代入方程(5-12)，可以得到 ε_r 关于 Γ 的解析解为：

$$\varepsilon_r=\frac{\left(\frac{2\pi}{\lambda_c}\right)^2-\left(\frac{1-\Gamma}{1+\Gamma}\gamma_0\right)^2}{\omega^2\mu_0\varepsilon_0}。 \tag{5-14}$$

因此通过使用方程(5-8)、方程(5-11)和方程(5-14)，可以从 S_{11s} 和 S_{11m} 中提取出独特的 ε_r。提取过程和 NRW 一样简单。此外方程(5-8)、方程(5-11)和方程(5-14)中不包含样品的厚度 t。可见，样品的厚度对 ε_r 的提取没有影响。通过将方程(5-13)代入方程(5-4)，可以计算出样品的厚度为：

$$t=\frac{\ln|T^2|}{-2\mathrm{Re}(\gamma)}。 \tag{5-15}$$

根据推导的公式，本节所提出的方法可以从短路和匹配测量中提取唯一的 ε_r 和厚度 t。

2. 推导 F-P 谐振时 MUT 的复介电常数和厚度

然而，在低损耗材料[29]中，$(1-\Gamma)/(1+\Gamma)$ 的值将在对应于半波长的整数倍的频率上发生共振。因此，上文中提出的技术不适用于特定频率下的低损耗和厚材料，这是众所周知的 Fabry-Perot(F-P)谐振频率[134]。谐振与 MUT 的厚度密切相关，因此可以在谐振频率下计算其厚度。

当 F-P 谐振发生时，S_{11m} 可以表示为：

$$S_{11m}\approx\frac{\Gamma\left(1-e^{-2\cdot t\cdot j\sqrt{\omega^2\varepsilon'_r\mu_0\varepsilon_0-\left(\frac{2\pi}{\lambda_c}\right)^2}}\right)}{1-\Gamma^2 e^{-2\cdot t\cdot j\sqrt{\omega^2\varepsilon'_r\mu_0\varepsilon_0-\left(\frac{2\pi}{\lambda_c}\right)^2}}}。 \tag{5-16}$$

在频率为谐振频率时，S_{11m} 的值足够小[25]，我们可以把他们设为零。因此，厚度可以估计为：

$$t=\frac{m\pi}{\sqrt{\omega^2\varepsilon'_r\mu_0\varepsilon_0-\left(\frac{2\pi}{\lambda_c}\right)^2}},\quad m=1,2,\cdots \tag{5-17}$$

其中，ε_r 为远离谐振频率的提取值，通过上文中的技术提取，m 的值可以通过文献[146]中的相位展开技术确定。

估计厚度后，利用迭代技术从 S_{11s} 中确定稳定 ε_r，初始值为厚度估计中使用的 ε_r。待最小化的目标函数为：

$$f(\varepsilon'_r, \varepsilon''_r) = (|S_{21}^{\text{meas}}| - |S_{21}^{\text{pred}}|)^2 + \left(\frac{\angle S_{21}^{\text{meas}} - \angle S_{21}^{\text{pred}}}{180^\circ}\right)^2。 \tag{5-18}$$

其中，上标“meas”和“pred”分别为测量值和预测值。

5.1.2 实验验证及分析

1. 验证本节所提方法

X 波段矩形波导短路和匹配 R-O 测试两块 MUT 验证提出的方法的优势。两块样品为：厚度为 2.02 mm 的碳化硅(Silicon Carbon，SiC)和厚度为 6.03 mm 的黑色电木(Black Bakelite，BBL)。用于测试的二端口传输线是厚度为 9.78 mm 的 X 波段矩形波导片。测试设备包含一台 VNA(型号 R&D ZVA40)、一根射频线缆和一个 X 波段同轴-波导转换器。除了短路和匹配 R-O 测试外，还做了 T/R 测试，进而使用 NRW 解析算法和 NIST 迭代算法提取出 MUT 标准的复介电常数[22,27]，以验证本节提出的方法。SiC 和 BBL 的反射系数的幅值和相位如图 5-3 和图 5-4 所示。SiC 匹配的反射系数幅值在 9.8 GHz 附近约为 0.1 且为极小值，判断矩形波导内 SiC 的电磁波波长为 1.01/n mm，其中 n 是正整数。相比之下，BBL 厚度大，反射系数却没有出现测量极值频率点，推断 BBL 的介电常数相比 SiC 的介电常数要小很多。

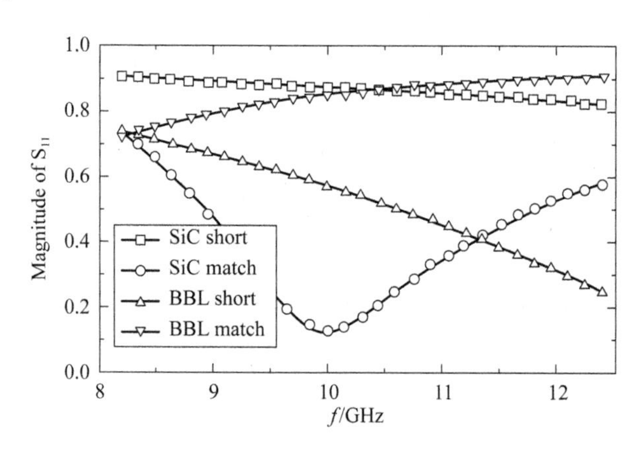

图 5-3 SiC 和 BBL 反射系数幅值：短路(short)和匹配(match)R-O 测试

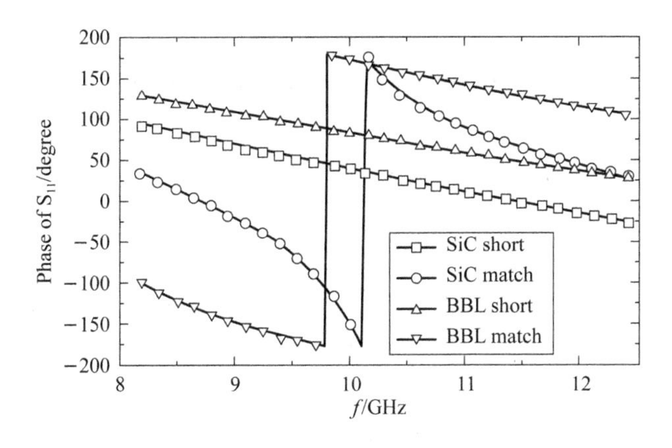

图 5-4 SiC 和 BBL 反射系数相位:短路(short)和匹配(match)R-O 测试

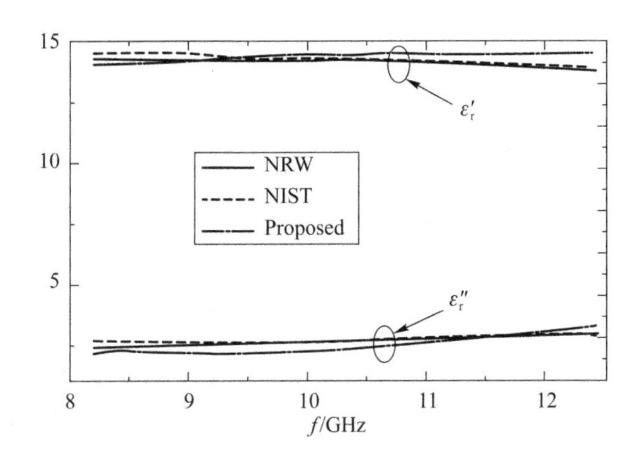

图 5-5 SiC 测量结果:对比 NRW 解析算法[22]、NIST 迭代算法[27]和本节提出的方法(Proposed)

用本节提出的方法(Proposed)处理反射参数后,将提取的复介电常数与 NRW 解析算法和 NIST 迭代算法提取的结果对比。如图 5-5 所示,三种方法提取的 SiC 的复介电常数吻合良好,证明提出的方法有效。可以分析出,SiC 是低色散材料,介电常数约为 14.2,复介电常数虚部绝对值约为 2.5。如图 5-6 所示,三种方法提取的 BBL 的复介电常数也吻合良好,又一次证明提出的方法有效。可以分析出,BBL 是低色散材料,介电常数约为 3.5,复介电常数虚部绝对值约为 0.25。需要特别指出的是,三种方法提取的结果有一定的差别是合理的,这是由矩形波导校准误差造成的[77]。

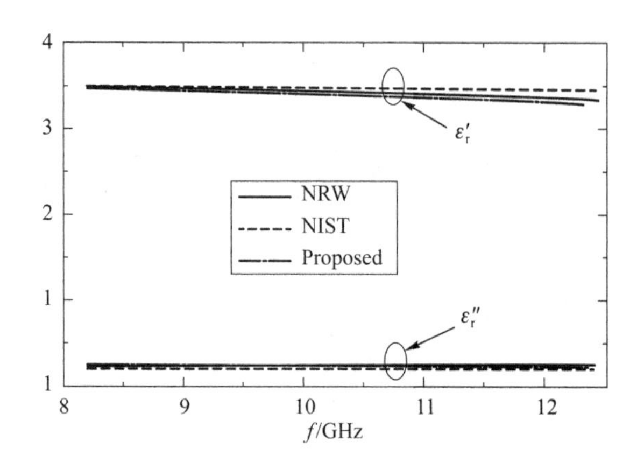

图 5-6　BBL 测量结果:对比 NRW 解析算法[22]、NIST 迭代算法[27]和本节提出的方法(Proposed)

为了证明本节提出的方法解决了基于 R-O 测试的 T-PTLM 存在的多解和初值估计问题,特使用文献[77]中的基于 R-O 测试的 T-PTLM 处理 SiC 的短路和匹配 R-O 测试的参数,提取结果如图 5-7 所示。文献[77]中的方法在解析计算过程对复数进行反双曲函数运算,复数的相位周期性变化导致运算过程出现相位模糊(Phase Ambiguity,PA)。可以看出,考虑 PA 时,测量的复介电常数多解;忽略相位模糊时,8.2～9.8 GHz 频段的提取结果正确,其他频率的提取结果错误。这是合理的,因为在 8.2～9.8 GHz 频段内,SiC 的厚度小于 SiC 内电磁波波半波长。也就是说,相比文献中的基于短路和匹配 R-O 测试参数的提取方法,本节提出的方法在测量厚平板材料时更具有优势。

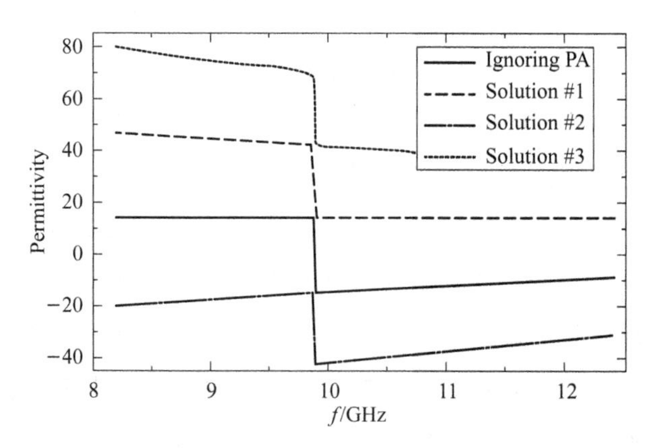

图 5-7　文献[77]中基于短路和匹配 RO 测试的 T-PTLM 提取的 SiC 介电常数:忽略相位提取结果(Ignoring PA)和考虑相位模糊的 3 个解(Solution ＃1,Solution ＃2,Solution ＃3)

至此,文献[22]、文献[27]和文献[77]中的方法已用于验证本节提出的方法的可行性和优势。文献[17]中的迭代提取方法存在众所周知的初值估计问题,因此没有在本节使用。文献[76]中的非对称R-O测试解析提取方法由于测试数据不足,也没有被应用。

此外,如图5-8所示,SiC的厚度也由本节所提出的方法提取。由于制作样品的表面不够光滑,测量的厚度范围为2.02～2.20 mm,提取的厚度范围为2.00～2.64 mm。采用误差的绝对值作为精度的指标,并定义为:

$$\Delta=\frac{|X_{\mathrm{T}}-X|}{|X_{\mathrm{T}}|} \tag{5-19}$$

其中,X_{T} 为使用游标卡尺的测量值,X 为参数的提取值。

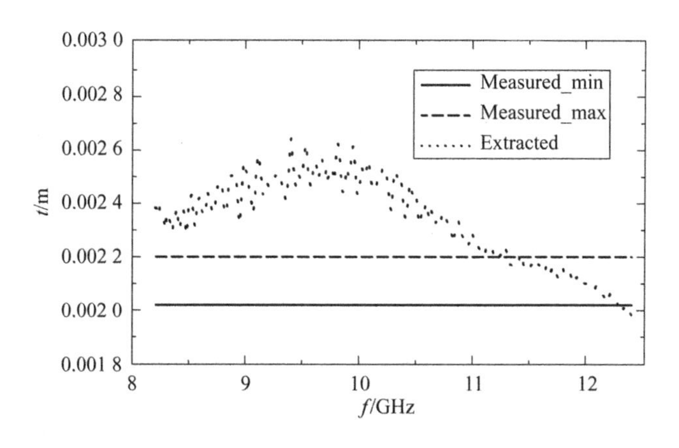

图5-8 SiC样品的提取厚度(Extracted)

在11 GHz到12 GHz的高频段的误差低于10%,在某些频率点可以为零。误差值与文献[147]和文献[148]中的误差值相似。然而,文献中的方法是基于谐振的,只能确定特定频率下的 ε_{r}。提取的厚度的误差是由波导校准的不完善、样品表面的不光滑和测量的不确定度[33]引起的。这种方法提取的低介电常数和低损耗的MUT厚度是不正确的,因为在方程(5-15)中确定厚度时,方程(5-6)计算所得的 $|T^2|$ 将接近于1。此外,低损耗样品的 S 参数的不确定性也大于有损样品的不确定性[33]。仿真结果进一步验证了该方法的准确性。

2. F-P谐振验证

接下来证明在F-P谐振情况下,本节提出的方法同样有效。

制备了一种厚度为 8.56 mm 的丙烯腈丁二烯苯乙烯(ABS)进行验证。如图 5-9 所示，ABS 样品的 $|S_{11m}|$ 曲线在 11.44 GHz 左右有下降，这个下降是由 F-P 共振引起的。对样品进行 NRW [22] 检测，以显示 F-P 共振发生。对样品也采用了 Stable 法[29]，以确定 ABS 样品的真实性质。通过处理图 5-9 和图 5-10 所示的测量反射参数，在上文的基础上对 ABS 样品进行了进一步推导。

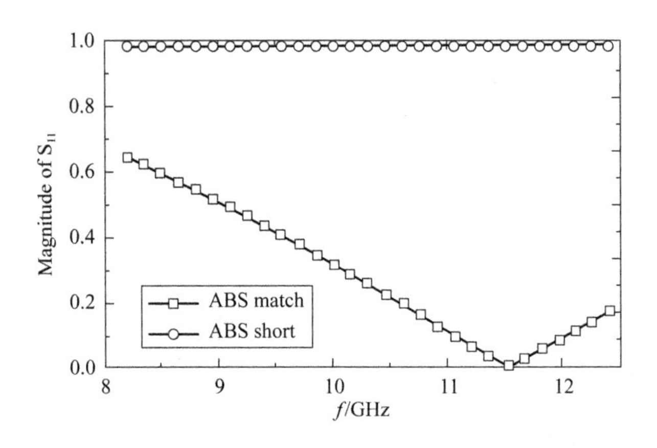

图 5-9　厚度为 8.56 mm 的 ABS 的反射系数幅值：短路(short)和匹配(match)R-O 测试

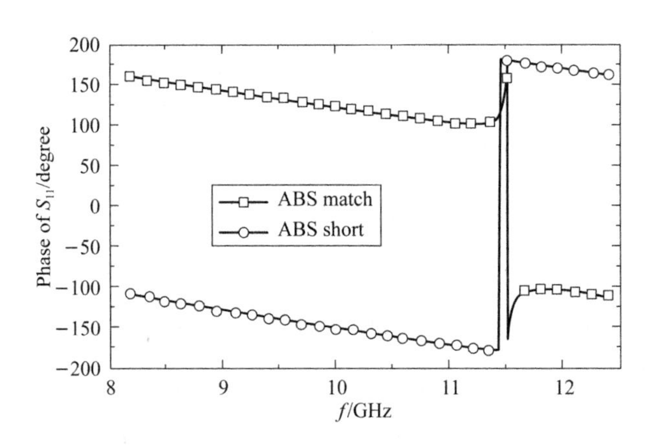

图 5-10　厚度为 8.56 mm 的 ABS 的反射系数相位：短路(short)和匹配(match)R-O 测试

如图 5-11 和图 5-12 所示，NRW 提取的 ε_r 值在 F-P 频率附近发生谐振。“提出方法 A”代表了 5.1.1 小节中“1. 推导 MUT 复介电常数和厚度”所提出的方法的推导，“提出方法 B”代表了 5.1.1 小节中“2. 推导 F-P 谐振时 MUT 的复介电常数和厚度”所提出的方法的推导。用双端口测量的稳定方法提取的 ε_r 值是可变的，这就验证了这些值应该是稳定的。然而，由“提出方法 A”提取的 ε_r 值在 F-P 频率附近发生谐振，“提出方法 B”提取的值与稳定法提取的“真值”十分吻合。此外，四种方法提取的值在远离 F-P 频率的频率上吻合较好。与稳定法相比，“提出方法 B”在样品厚度未知的情况下确定正确的 F-P 频率的复介电常数方面具有优势。

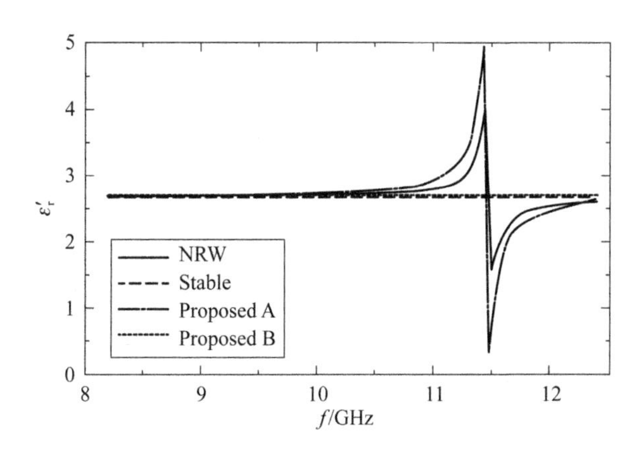

图 5-11 ABS 的 ε_r' 测量结果：对比 NRW 解析算法[22]、Stable 算法[29]、本节提出的方法 A(Proposed A)和本节提出的方法 B(Proposed B)

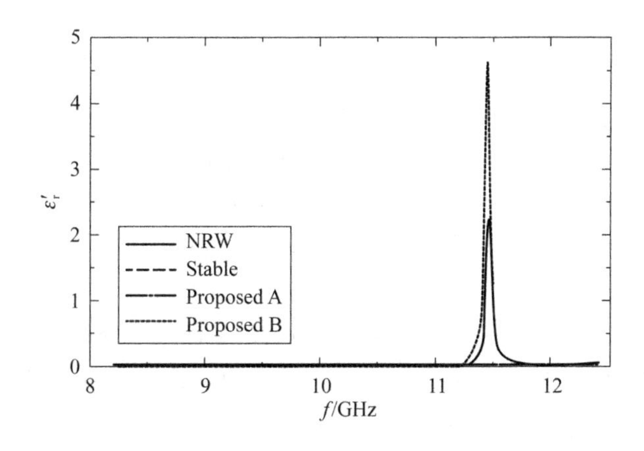

图 5-12 ABS 的 ε_r'' 测量结果：对比 NRW 解析算法[22]、Stable 算法[29]和本节提出的方法 A(Proposed A)和本节提出的方法 B(Proposed B)

此外，由“提出方法 B”确定的厚度在 F-P 频率上是准确的，如图 5-13 所示。ABS 样品的厚度误差约为 0.1%。需要强调的是，由“提出方法 B”确定的厚度是基于 F-P 频率，而测量的反射参数的误差对 F-P 频率的值影响不大。

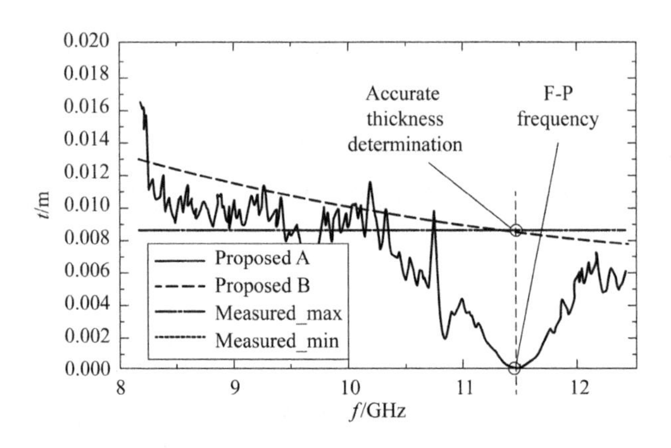

图 5-13　使用本节提出的方法 A(Proposed A)和本节提出的方法 B(Proposed B)在 F-P 频率下测定精确的厚度

5.1.3　仿真验证及分析

为了进一步验证所提出的方法,避免由不完善的计算和不光滑的表面造成的实验影响。我们在 X 波段波导中模拟了一个有损耗的样本和一个低损耗的样本进行仿真验证。样本 1 是有损耗的,在模拟频率范围内,ε_r 被设置为 2.5－j1.0;样本 2 是低损耗的,在模拟频率范围内,ε_r 被设置为 2.5－j0.01。这两个样本的厚度均设置为 9.0 mm。

利用方程(5-1)和方程(5-2)计算了样本 1 的模拟 S_{11s}和 S_{11m}。需要指出的是,这是合理的,因为计算结果和测量结果几乎是相同的[130]。此外,由于实验结果中处理了这种类型的气隙不确定度作为参考平面位置不确定度[33,134],因此在仿真实验中模拟了样本与空气之间的气隙。厚度为 10 μm 的间隙尺寸的模拟结果如图 5-14 和图 5-15 所示。

对于样本 1,在模拟的 S_{11m}中没有 F-P 共振,如图 5-14 所示。模拟的反射参数由“提出方法 A”的方法来处理,如图 5-16 和图 5-17 所示。“提出方法 A”提取的 ε'_r值与真实值吻合。ε''_r存在约为 1.13%的误差。

对于样本 2,F-P 共振发生在 11.31 GHz 处,如图 5-14 所示。因此,“提出方法 B”可以用于提取厚度。为了展示“提出方法 B”的优势,样本 2 的反射参数也由“提出方法 A”处理。在“提出方法 A”提取的结果中,在 11.31 GHz 附近有明显的共振,如图 5-18 和图 5-19 所示。然而,由“提出方法 B”提取的结果在模拟频率范围内与真实值吻合较好。由“提出方法 B”确定的厚度与 F-P 频率下的真实值一致,如图 5-20 所示。厚度误差约为 0.19%,是由气隙引起。因此,“提出方法 B”适用于在 S_{11m}中出现 F-P 共振的低损耗和足够厚的样本。

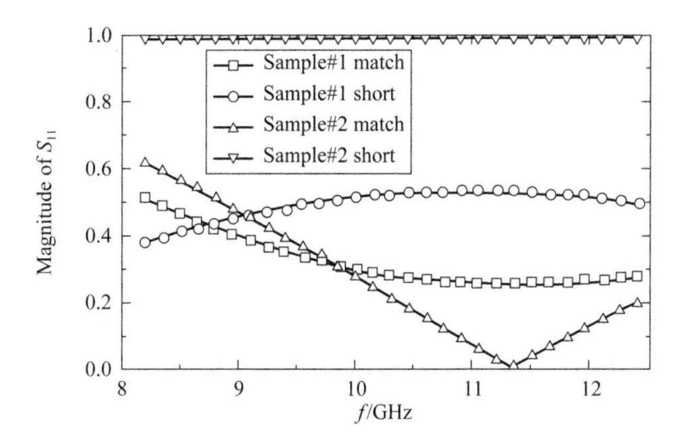

图 5-14 样本 1 仿真反射系数幅值：短路(short)和匹配(match)R-O 测试

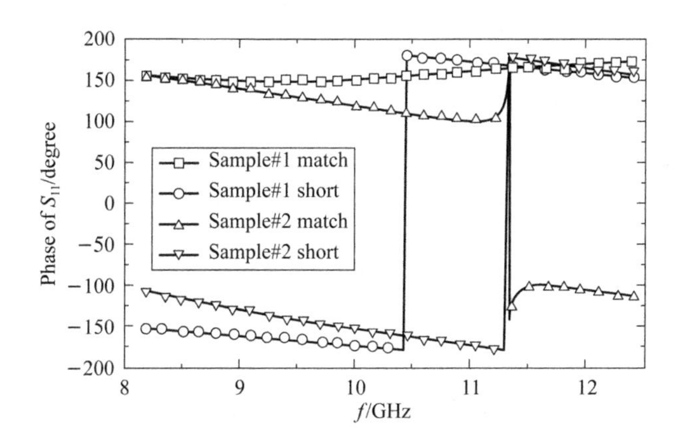

图 5-15 样本 1 仿真反射系数相位：短路(short)和匹配(match)R-O 测试

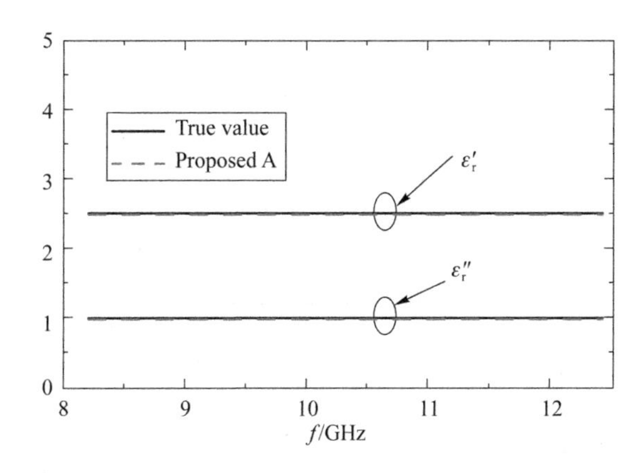

图 5-16 样本 1 测量结果：对比真值(True value)和本节提出的方法 A(Proposed A)

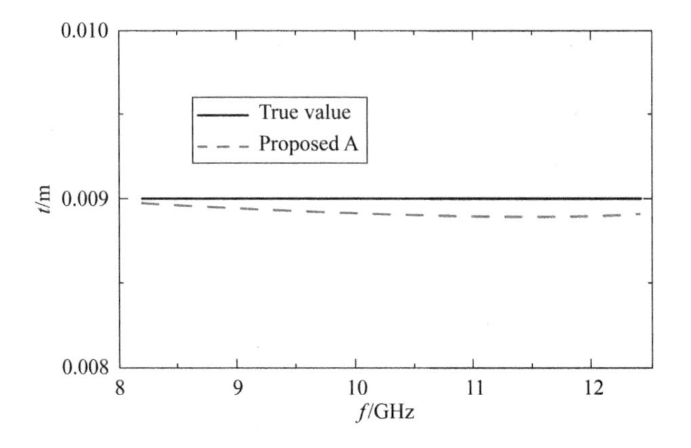

图 5-17　样本 1 的厚度测量结果：对比真值(True value)和提出的方法 A(Proposed A)

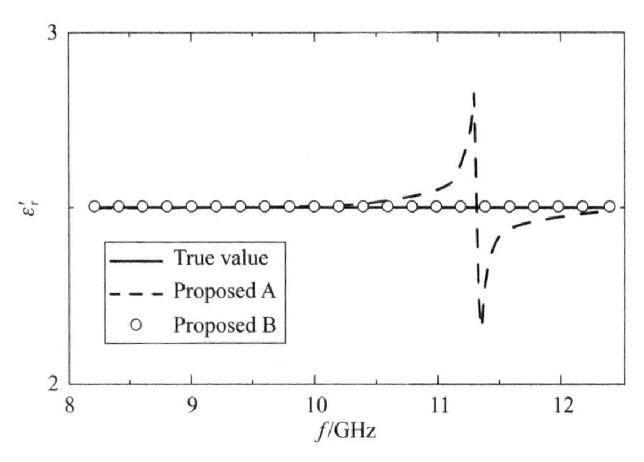

图 5-18　样本 2 的 ε_r' 测量结果：对比真值(True value)、提出的方法 A(Proposed A)和提出的方法 B(Proposed B)

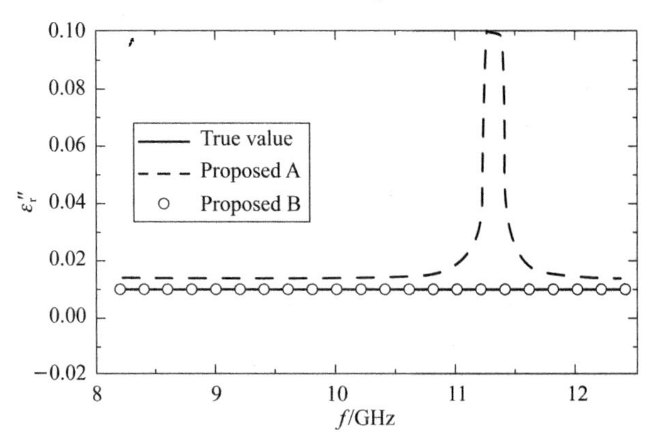

图 5-19　样本 2 的 ε_r' 测量结果：对比真值(True value)、提出的方法 A(Proposed A)和提出的方法 B(Proposed B)

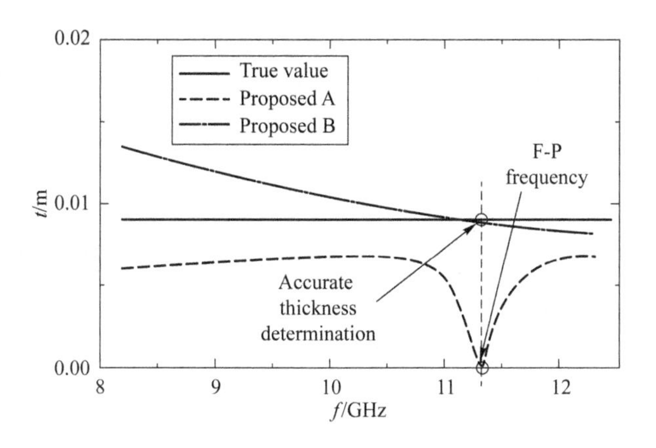

图 5-20 样本 2 的厚度测量结果:对比真值(True value)、提出的方法 A(Proposed A)和提出的方法 B(Proposed B)

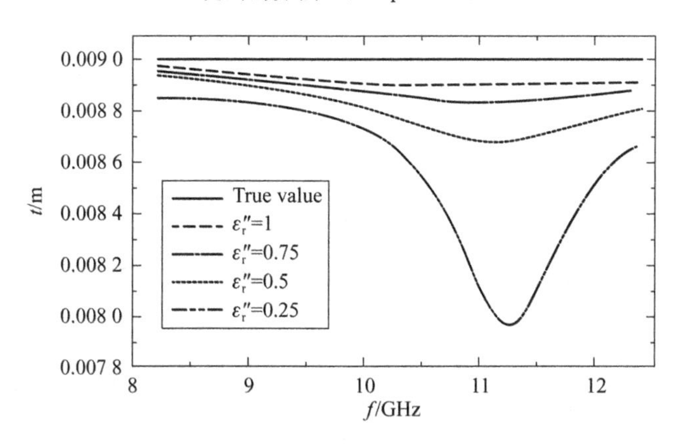

图 5-21 用“提出方法 A”测定不同 ε_r'' 的样品厚度

在实验验证中,低损耗样品不能通过使用“提出方法 A”来提取厚度。因此,在 X 波段模拟具有相同介电常数 2.5 的样本来表征“提出方法 A”。ε_r'' 的值分别设置为 1、0.75、0.5 和 0.25,如图 5-21 所示,“提出方法 A”适用于有损材料。根据验证,我们可以总结出“提出方法 A”适用于有损耗材料,“提出方法 B”适用于低损耗材料。但是,有损耗材料不能太厚,因为对匹配和短路配置的测量在本质上是相同的。此外,低损耗材料应足够厚,以确保在测量的 S_{11m} 中发生 F-P 共振。因此,该方法不适用于有损耗的厚样品和低损耗的薄样品。

5.2 与 MUT 测试位置无关的基于 R-O 测试的 T-PTLM

5.1 节提出的方法需要将 MUT 紧靠二端口传输线端口 2 的终端器件,以保证

MUT 的位置是已知的。对于 MUT 位置未知或者 MUT 在测试过程发生位移的情况[47]，5.1 节提出的方法失效。为此，本节将应用 ANN 消除 MUT 测试位置对本征电磁参数提取的影响，并使用 X 波段矩形波导测试和仿真验证提出的方法的可行性[149]。

5.2.1 消除 R-O 测试位置对本征电磁参数提取影响的 ANN 模型

相比 5.1 节的测试，本节 MUT 在二端口传输线内的位置是未知的，且增加了一个短路反射测试。如图 5-22 所示，本节测试三个反射系数。首先，将 MUT 放置进二端口传输线，MUT 的位置随机地设为 L_{01} 和 L_{02}。二端口传输线端口 1 连接测试设备 VNA，端口 2 连接短路器，测试反射系数记为 $S_{11s(1)}$；然后，使用匹配负载替换短路器，测试反射系数记为 S_{11m}；最后，将二端口传输线端口 1 连接短路器，端口 2 连接测试设备，测试反射系数记为 $S_{11s(2)}$。可以看出，$L_{01}=L_{04}$，$L_{02}=L_{03}$。三次独立的 R-O 测试参数具有提取出六个未知实数的潜力。

为了方便应用，将反射系数方程写成统一的格式。本章拓展了第 3 章和第 4 章的基于电磁场理论的推导方法，从电磁场边值关系出发，推导出了三个反射系数关于 MUT 的 ε_r 和 μ_r 的表达式：

$$S_{11s(1)}=\mathrm{e}^{-2\gamma_0 L_{01}}\frac{\left(\mu_r-\frac{\gamma}{\gamma_0}\right)\left(1+\frac{\gamma}{\gamma_0\mu_r}\frac{\mathrm{e}^{2\gamma_0 L_2}-1}{\mathrm{e}^{2\gamma_0 L_2}+1}\right)\mathrm{e}^{2\gamma L}-\left(\mu_r+\frac{\gamma}{\gamma_0}\right)\left(1-\frac{\gamma}{\gamma_0\mu_r}\frac{\mathrm{e}^{2\gamma_0 L_2}-1}{\mathrm{e}^{2\gamma_0 L_2}+1}\right)}{\left(\mu_r+\frac{\gamma}{\gamma_0}\right)\left(1+\frac{\gamma}{\gamma_0\mu_r}\frac{\mathrm{e}^{2\gamma_0 L_2}-1}{\mathrm{e}^{2\gamma_0 L_2}+1}\right)\mathrm{e}^{2\gamma L}-\left(\mu_r-\frac{\gamma}{\gamma_0}\right)\left(1-\frac{\gamma}{\gamma_0\mu_r}\frac{\mathrm{e}^{2\gamma_0 L_2}-1}{\mathrm{e}^{2\gamma_0 L_2}+1}\right)}, \tag{5-20}$$

$$S_{11m}=\mathrm{e}^{-2\gamma_0 L_{01}}\frac{(\mu_r\gamma_0-\gamma)(\mu_r\gamma_0+\gamma)(\mathrm{e}^{2\gamma L}-1)}{(\mu_r\gamma_0+\gamma)^2\mathrm{e}^{2\gamma L}-(\mu_r\gamma_0-\gamma)^2}, \tag{5-21}$$

$$S_{11s(2)}=\mathrm{e}^{-2\gamma_0 L_{03}}\frac{\left(\mu_r-\frac{\gamma}{\gamma_0}\right)\left(1+\frac{\gamma}{\gamma_0\mu_r}\frac{\mathrm{e}^{2\gamma_0 L_4}-1}{\mathrm{e}^{2\gamma_0 L_4}+1}\right)\mathrm{e}^{2\gamma L}-\left(\mu_r+\frac{\gamma}{\gamma_0}\right)\left(1-\frac{\gamma}{\gamma_0\mu_r}\frac{\mathrm{e}^{2\gamma_0 L_4}-1}{\mathrm{e}^{2\gamma_0 L_4}+1}\right)}{\left(\mu_r+\frac{\gamma}{\gamma_0}\right)\left(1+\frac{\gamma}{\gamma_0\mu_r}\frac{\mathrm{e}^{2\gamma_0 L_4}-1}{\mathrm{e}^{2\gamma_0 L_4}+1}\right)\mathrm{e}^{2\gamma L}-\left(\mu_r-\frac{\gamma}{\gamma_0}\right)\left(1-\frac{\gamma}{\gamma_0\mu_r}\frac{\mathrm{e}^{2\gamma_0 L_4}-1}{\mathrm{e}^{2\gamma_0 L_4}+1}\right)}, \tag{5-22}$$

其中，

$$\gamma=\mathrm{j}\sqrt{\omega^2\varepsilon_r\mu_r\mu_0\varepsilon_0-\left(\frac{2\pi}{\lambda_c}\right)^2}。 \tag{5-23}$$

利用这三个独立的复数方程，可以求解出 MUT 的 ε_r、μ_r 和位置，这是因为方程的数量大于待求参数的数量[55]。由于方程复杂，解析求解十分困难，需要使用迭代方法或者 ANN 求解。文献指出，在本征电磁参数提取逆运算方面，ANN 在初值选取上优于迭代算法[118]。为此，本节使用经典 ANN 模型 BPNN 做本征电磁参数提取。如图 5-23 所示，BPNN 模型的输入变量为频率、$\mathrm{Re}\{S_{11s(1)}\}$、$\mathrm{Im}\{S_{11s(1)}\}$、$\mathrm{Re}\{S_{11s(2)}\}$、$\mathrm{Im}\{S_{11s(2)}\}$、$\mathrm{Re}\{S_{11m}\}$和 $\mathrm{Im}\{S_{11m}\}$，输出变量为 ε_r'，ε_r''，μ_r'，μ_r'' 和 L_{01}。此外，BPNN 模型具有 K 个隐藏层，每层具有 N_K 个神经元。其中，隐藏层及其中的神经元的数量由训练过程确定，隐藏层神经元激活函数为 Sigmoid。

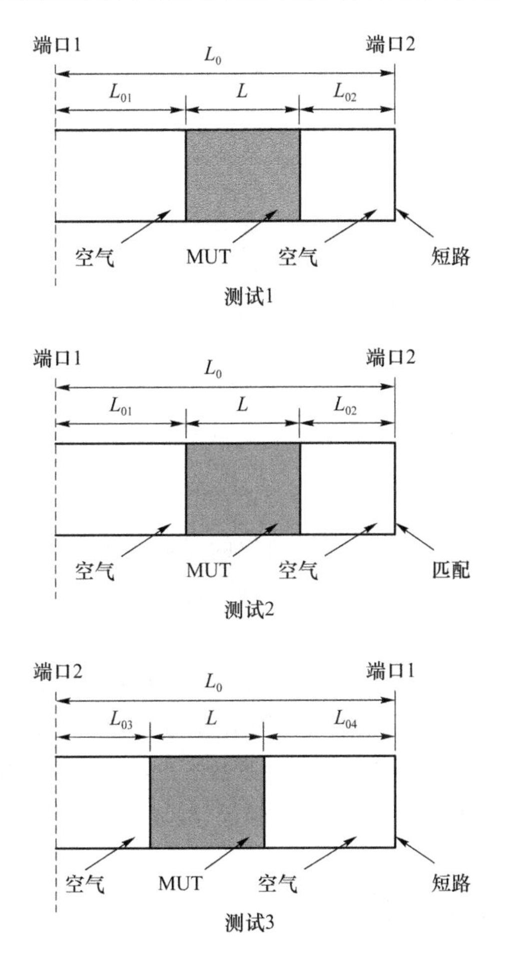

图 5-22 与 MUT 位置无关 T-PTLM 的 R-O 测试，L_{01} 和 L_{02} 未知，$L_{01}=L_{04}$，$L_{02}=L_{03}$

用于训练 BPNN 的数据来自理论计算：估计出 MUT 的 ε_r 和 μ_r 的取值范围后，设置 L_{01} 和 L_{02} 的范围(需满足 $L_0=L+L_{01}+L_{02}$)，计算出其对应的 $S_{11s(1)}$、S_{11m} 和 $S_{11s(2)}$。将这些计算数据随机分成十份，七份用于训练 BPNN，三份用于测试

BPNN。BPNN 模型训练和测试误差 MSE 均设置为 10^{-6}。只有训练和测试 MSE 都小于 10^{-6} 时，才停止训练。最后，将三个实验测试的反射参数代入训练好的 BPNN，计算出 MUT 的 ε'_r，ε''_r，μ'_r 和 μ''_r。

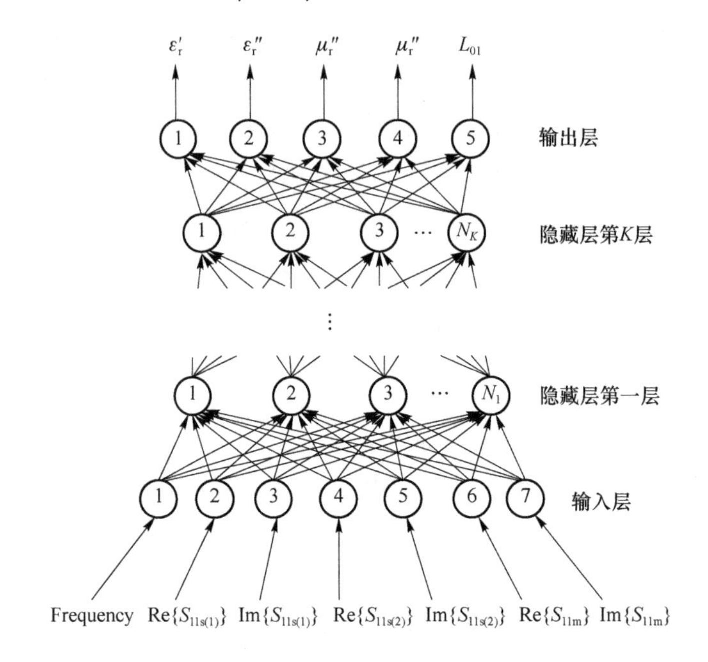

图 5-23 从三个反射系数中提取 MUT 复介电常数、复磁导率和位置

可以看出，上述模型要求测试三个独立的反射系数，在以下两种情况下，反射系数测试会失效或者不独立，导致 BPNN 模型提取结果错误。第一，如果低损耗样本内发生 Fabry-Perot 谐振，测试 S_{11m} 在样本厚度是电磁波半波长整数倍处不确定度极大，进而导致提取结果的误差大。第二，如果 MUT 的损耗太大，会导致电磁波没有透射过 MUT。通过方程(5-20)至方程(5-22)分析出，此时 $S_{11s(1)}$ 和 S_{11m} 相同，S_{11m} 和 $S_{11s(2)}$ 的幅值相同，导致三个反射系数不再彼此独立，进而不满足 BPNN 模型应用的前提条件。下面将避开模型失效情况，验证提出的方法的可行性。

5.2.2 实验验证及分析

本节测试系统与 5.1 节测试系统相同，用于放置 MUT 的 X 波段矩形波导片的厚度为 9.78 mm，MUT 是厚度为 6.27 mm 的 ABS。测试的三个反射系数幅值和相位如图 5-24 和图 5-25 所示。可以看出，终端短路的反射系数幅值大，终端匹配的反射系数小，可以估算出 MUT 的损耗低且介电常数低，且终端短路的反射系数有接近 0 的趋势,可进一步判断 MUT 低损耗。根据对 MUT 电磁特性的分析,确定训练数据范围。

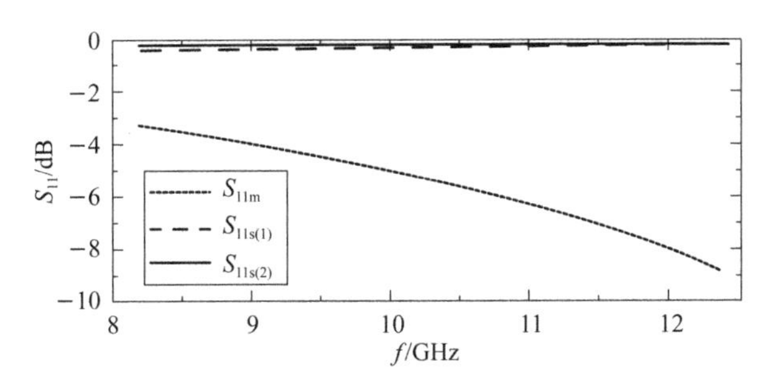

图 5-24 ABS 的反射系数的幅值

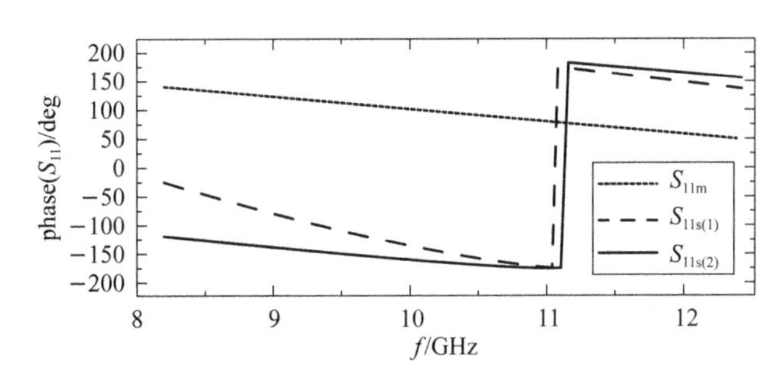

图 5-25 ABS 的反射系数的相位

测试结束后,使用提出的方法处理实验数据。本节建立的 BPNN 共有两个隐藏层,第一层神经元个数为 50,第二层神经元个数为 30。如图 5-26 和图 5-27 所示,提出的方法的提取结果与经典的 NRW 方法提取结果吻合良好。实验结果证明了提出的方法的可行性。也就是说,本节提出的方法可在 MUT 位置未知前提下,使用三个反射系数提取出 MUT 的 ε_r 和 μ_r。下面仿真数据进一步验证提出的方法,尤其验证位置是否可以被准确提取出来。

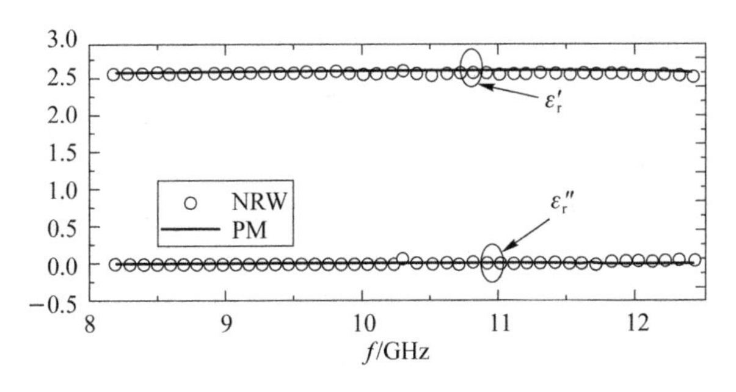

图 5-26 对比 NRW 方法和本节提出方法(PM)提取的 ABS 相对复介电常数

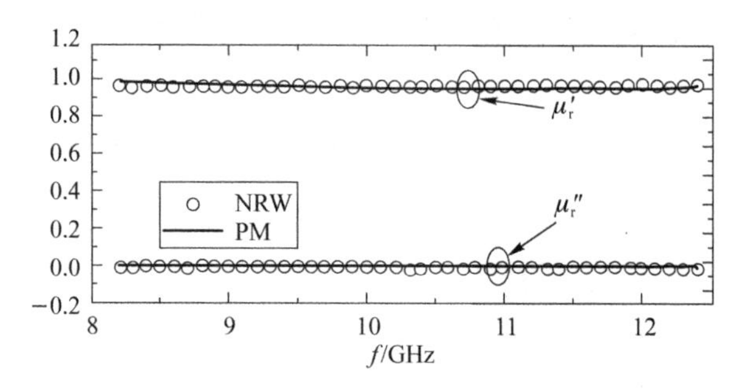

图 5-27　对比 NRW 方法和本节提出方法(PM)提取的 ABS 相对复磁导率

5.2.3　仿真验证及分析

在 HFSS 做 X 波段矩形波导仿真,波导长度 $L_0=9.78$ mm,仿真材料厚度 $L=4$ mm,位置 $L_{01}=2$ mm,$L_{02}=3.78$ mm,$L_{03}=3.78$ mm,$L_4=2$ mm。设置仿真材料的电磁参数分别为 $\varepsilon_r'=4$,$\varepsilon_r''=0.1$,$\mu_r'=2$,$\mu_r''=0.1$,分别仿真 $S_{11s(1)}$、S_{11m} 和 $S_{11s(2)}$,仿真结果如图 5-28 和图 5-29 所示。

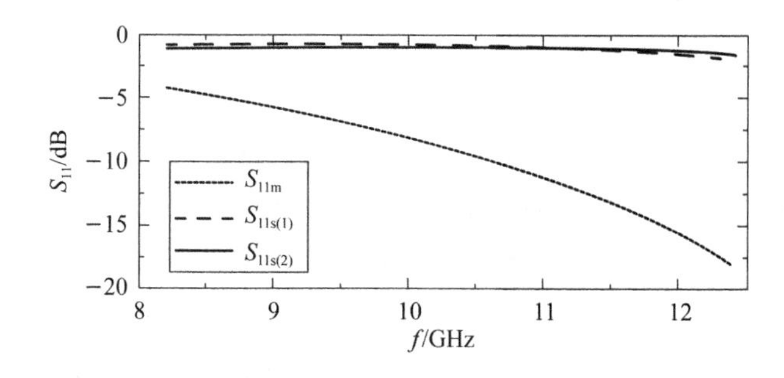

图 5-28　仿真材料的反射系数的幅值

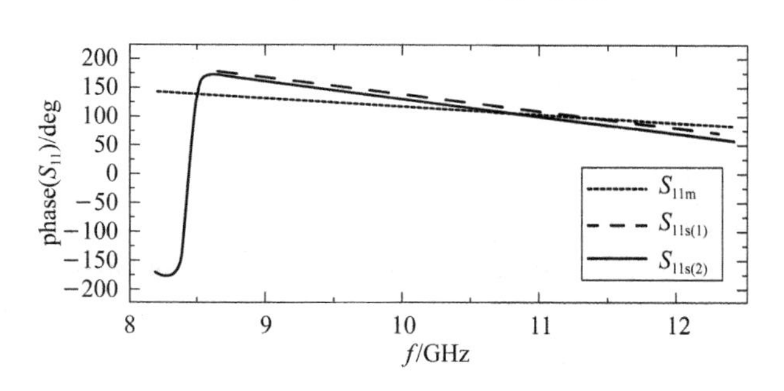

图 5-29　仿真材料的反射系数的相位

根据估算数据,建立BPNN模型。训练结束后,BPNN共有两个隐藏层,第一层神经元个数为50,第二层神经元个数为30。之后,将仿真的反射系数输入BPNN模型,得到仿真材料的位置和本征电磁参数。计算出的位置与仿真设置位置吻合,计算出的本征电磁参数数值和仿真设置数值对比如图5-30和图5-31所示。可以看出,提取的本征电磁参数数值和真实值吻合,这进一步证明了提出的方法有效。

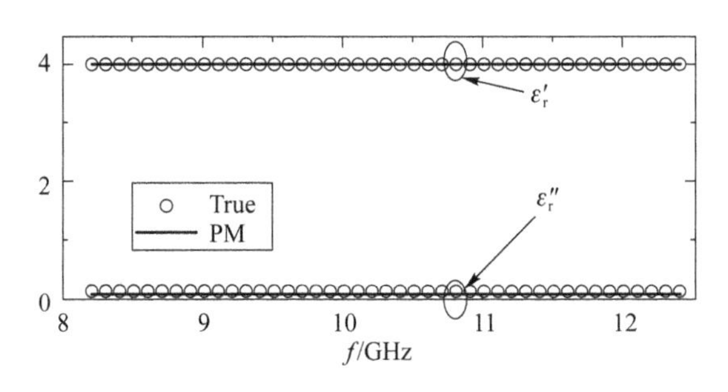

图5-30 对比真实值(True)和本节提出的方法(PM)提取的仿真材料相对复介电常数

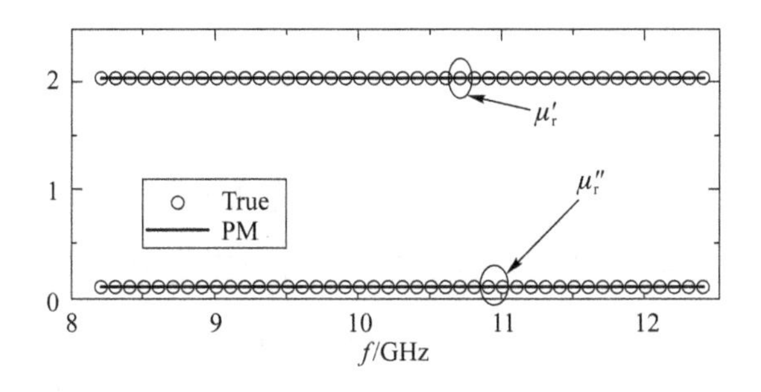

图5-31 对比真实值(True)和本节提出的方法(PM)提取的仿真材料相对复磁导率

5.3 太赫兹频段基于T-O测试的T-PTLM的迭代提取优化方法

5.1节和5.2节分别从解析和非解析角度,优化了基于R-O测试的T-PTLM的提取方法与技术。但是,测试频率超过300 GHz后,通常只能使用自由空间T-O测试。如绪论所述,基于T-O测试的T-PTLM测量单层平板MUT复介电常数不存在解析提取方法,只能使用迭代或者ANN提取方法,但是迭代和ANN都面临初值估计问题。为此，本节分析太赫兹自由空间传输系数特性，提出了介电常数估算模型[150]，估算结果作为 NR 迭代算法初值，求解出了 MUT 正确的复介电常数。本节提出的方法解决了平板太赫兹复介电常数提取面临的初值估计问题。本节将在太赫兹频段仿真文献中的多种材料，验证提出的方法的可行性和优势。

5.3.1 自由空间平板传输系数模型

如图 5-32 所示，自由空间测试厚度为 L 的介电平板 MUT 时，MUT 内部发生多次反射。使用传输线理论，可以计算出传输系数 S_{21} 的表达式为[80]：

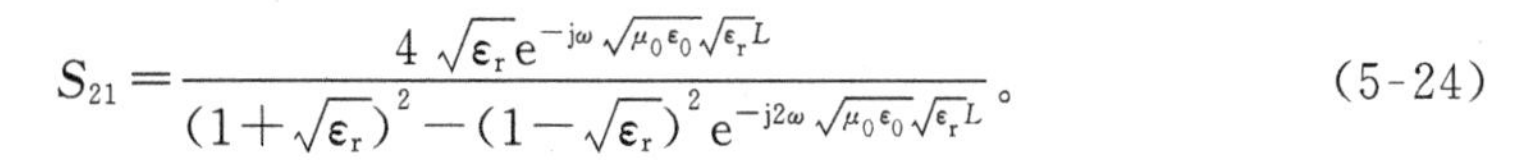

$$S_{21}=\frac{4\sqrt{\varepsilon_r}\,e^{-j\omega\sqrt{\mu_0\varepsilon_0}\sqrt{\varepsilon_r}L}}{(1+\sqrt{\varepsilon_r})^2-(1-\sqrt{\varepsilon_r})^2\,e^{-j2\omega\sqrt{\mu_0\varepsilon_0}\sqrt{\varepsilon_r}L}}。\tag{5-24}$$

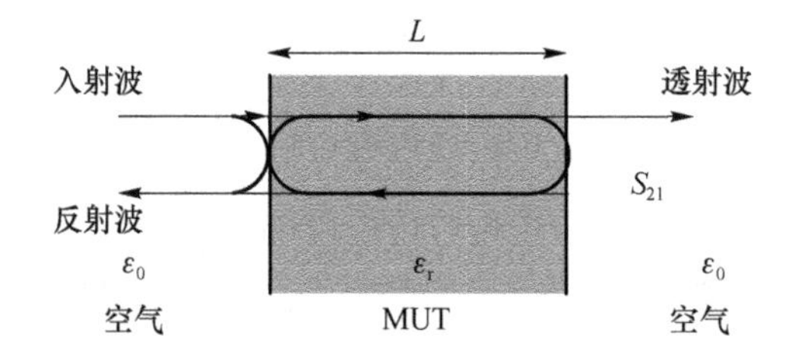

图 5-32　自由空间 T-O 测试介电平板 MUT 示意图

文献中的数据表明，当 MUT 的厚度 L 大于 MUT 内电磁波波长时，S_{21} 随频率周期性变化[151-153]。通常，电磁波波长随频率增加而减小，因此太赫兹频段内的 S_{21} 容易出现周期性变化。本节分析周期变化规律，估算 MUT 的介电常数。

5.3.2 基于传输系数幅值的介电常数估算模型

由于 Fabry-Perot 效应，在低损耗 MUT 厚度是 MUT 内电磁波半波长整数倍时，$|S_{21}|$ 出现峰值。当 $|S_{21}|$ 在两个频点出现峰值时，这两个频点的相位常数可以表示为：

$$\beta_1=m\pi/L,\tag{5-25}$$

$$\beta_2=(m+1)\pi/L,\tag{5-26}$$

其中，m 是正整数。

对于低损耗介电 MUT，其损耗因子 α 近似为 0。根据 $(\alpha+j\beta)^2=-\omega^2\mu_0\varepsilon_0(\varepsilon_r'-$

$\mathrm{j}\varepsilon''_{\mathrm{r}}$)，能够推导出：

$$\beta^2 \approx \omega^2 \mu_0 \varepsilon_0 \varepsilon'_{\mathrm{r}}。\tag{5-27}$$

将方程(5-25)和方程(5-26)代入方程(5-27)，MUT在$|S_{21}|$相邻峰值频段内的介电常数估算为：

$$\varepsilon'_{\mathrm{r}} \approx \left(\frac{1}{2L\sqrt{\varepsilon_0 \mu_0}\Delta f_1}\right)^2,\tag{5-28}$$

其中，Δf_1是$|S_{21}|$相邻峰值的频率的差值。

5.3.3 基于传输系数相位的介电常数估算模型

基于传输系数幅值的介电常数估算模型建立在测试$|S_{21}|$存在两个或者多个峰值的基础上。文献数据表明，如果MUT厚度过大，则$|S_{21}|$峰值不明显，难以选取出峰值，此时不能使用方程(5-28)估算MUT的介电常数。对于这种情况，我们使用S_{21}相位来估算MUT介电常数。对于低损耗MUT，方程(5-24)可近似修改为：

$$S_{21} \approx \frac{4\sqrt{\varepsilon'_{\mathrm{r}}}\mathrm{e}^{-\mathrm{j}\omega\sqrt{\mu_0\varepsilon_0}\sqrt{\varepsilon'_{\mathrm{r}}}L}}{(1+\sqrt{\varepsilon'_{\mathrm{r}}})^2-(1-\sqrt{\varepsilon'_{\mathrm{r}}})^2\mathrm{e}^{-\mathrm{j}2\omega\sqrt{\mu_0\varepsilon_0}\sqrt{\varepsilon'_{\mathrm{r}}}L}}。\tag{5-29}$$

可以看出，当MUT厚度是MUT内电磁波波长整数倍时，$\angle S_{21}=180°$。使$\angle S_{21}$为180°的相邻频点对应的相位因子可分别表示为：

$$\beta'_1 = 2m\pi/L,\tag{5-30}$$

$$\beta'_2 = 2(m+1)\pi/L,\tag{5-31}$$

其中，m是正整数。

将方程(5-30)和方程(5-31)代入方程(5-27)，MUT在两个频点之间的介电常数估算为：

$$\varepsilon'_{\mathrm{r}} \approx \left(\frac{1}{L\sqrt{\varepsilon_0 \mu_0}\Delta f_2}\right)^2。\tag{5-32}$$

其中，Δf_2是相邻的使$\angle S_{21}$为180°的频率的差值。

5.3.4 介电常数估算模型应用过程

本节提出的两个模型需要联合使用，才能有效估算出MUT的介电常数，进而使用迭代技术从S_{21}中提取出MUT正确的ε_{r}，应用过程分为4步。

第 1 步：根据 S_{21} 特性选取介电常数估算模型。如果 $|S_{21}|$ 峰值数量多于 $\angle S_{21}=180°$ 对应的频点数量，选择基于幅值的介电常数估算模型，否则选择基于相位的介电常数估算模型。

第 2 步：确定 MUT 的色散特性。如果多个 Δf_1（或者 Δf_2）非常接近，那么 MUT 在测试频段内低色散或者不色散，否则 MUT 色散。

第 3 步：对于低色散材料，使用多个 Δf_1（或者 Δf_2）平均值代入介电常数估算方程求解 MUT 的 ε'_r；对于色散材料，Δf_1（或者 Δf_2）之间差别大，为了满足 MUT 在 Δf 对应频段内低色散的条件，尽可能增加 MUT 厚度，以减小 Δf。然后使用基于相位的介电常数估算模型估算出 MUT 在不同频段内的 ε'_r。

第 4 步：将估算的 ε'_r 作为方程(5-24)中 ε_r 初值，输入测试 S_{21} 数值，使用 NR 迭代算法求解 MUT 的 ε_r。

5.3.5 仿真验证及分析

本节使用文献中的数据验证并分析提出的方法，以证明提出方法是可行且具有优势的。首先，使用文献[73]、文献[81]、文献[82]和文献[130]中的 $|S_{21}|$ 数据验证本节提出的基于传输系数幅值的介电常数估算模型，获取数据的工具为 WebPlotDigitizer[154]。文献中测试设备涉及 VNA 和 THz-TDS，研究材料为高阻硅（High Resistance Silicon，HR-Si）、亚克力（Poly Methyl Methacrylatemethacrylic Acid，PMMA）、PVC 和 Uncured SUEX[155]。如表 5-2 所示，模型估算结果和文献中数据吻合良好，误差在 0.36%至 5.20%之间。由于文献中未给出 $\angle S_{21}$，因此无法使用迭代算法求解 ε_r。

表 5-2 对比本节提出方法估算介电常数和文献数据

MUT	测试设备	$\lvert S_{21}\rvert$ 来源	f/GHz	ε'_r	估算误差/%	ε'_r 来源
HR-Si	VNA	文献[81]	925	11.57	—	文献[81]
			750～1 100	11.61	0.36	本工作
PMMA	VNA	文献[73]	300	2.595	—	文献[73]
			220～325	2.46	5.20	本工作
PVC	VNA	文献[130]	75～110	2.932	—	文献[130]
			75～110	2.892	1.36	本工作
Uncured SUEX	THz-TDS	文献[82]	90～2 000	2.91～3.08	—	文献[82]
			90～2 000	2.93	0.67～4.87	本工作

为了完整验证提出的方法，使用文献[73]和文献[82]中的 ε_r，设置虚拟的 PMMA、Glass、PVC、Teflon 和 Crosslinked SUEX 作为 MUT，仿真自由空间测试不同厚度 MUT 在太赫兹频段的传输系数。文献表明，方程(5-24)计算出的 S_{21} 与测试结果相当[130]，因此方程(5-24)计算出的结果为仿真结果[130]。其中，PMMA、Galss、PVC 和 Teflon 的仿真频段是 260～400 GHz，模拟了基于 VNA 的太赫兹自由空间测试；Crosslinked SUEX 的仿真频段 100～2 000 GHz，模拟了基于 THz-TDS 的太赫兹自由空间测试。

不同厚度 MUT 仿真结果如图 5-33～图 5-37 所示。可以看出，4 mm 和 8 mm 的 PMMA、4 mm 和 6 mm 的 Glass、4 mm 和 8 mm 的 PVC 以及超过 1 000 GHz 后 Crosslinked 1mm 的 SUEX 的 $|S_{21}|$ 都没有明显的峰值，证明了提出基于相位分析方法的必要性。2 mm 的 PVC 和 2 mm 的 Teflon 只有一个频点满足 $\angle S_{21}=180°$ 的条件，因此基于幅值分析方法也是必要的。

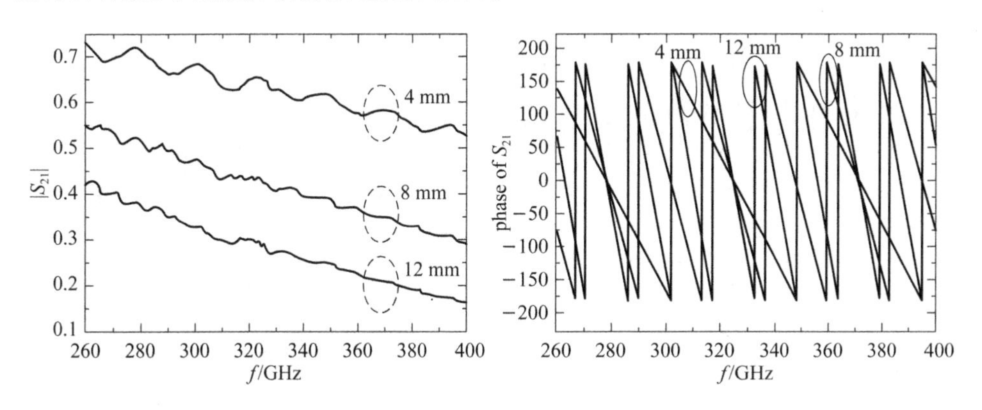

图 5-33　不同厚度(4 mm，8 mm，12 mm)PMMA 自由空间仿真传输系数

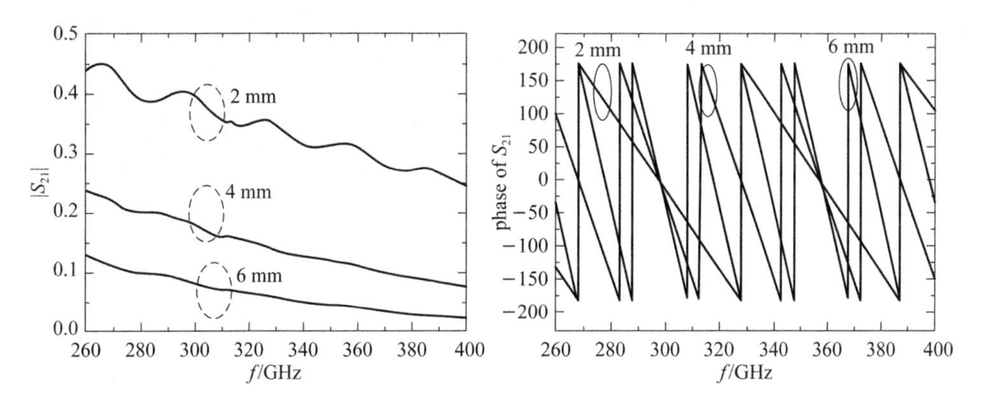

图 5-34　不同厚度(2 mm，4 mm，6 mm)Glass 自由空间仿真传输系数

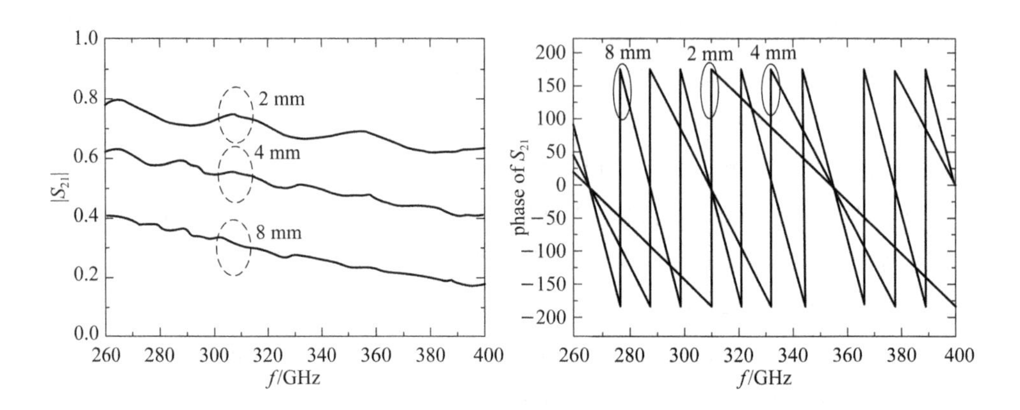

图 5-35　不同厚度(2 mm,4 mm,8 mm)PVC 自由空间仿真传输系数

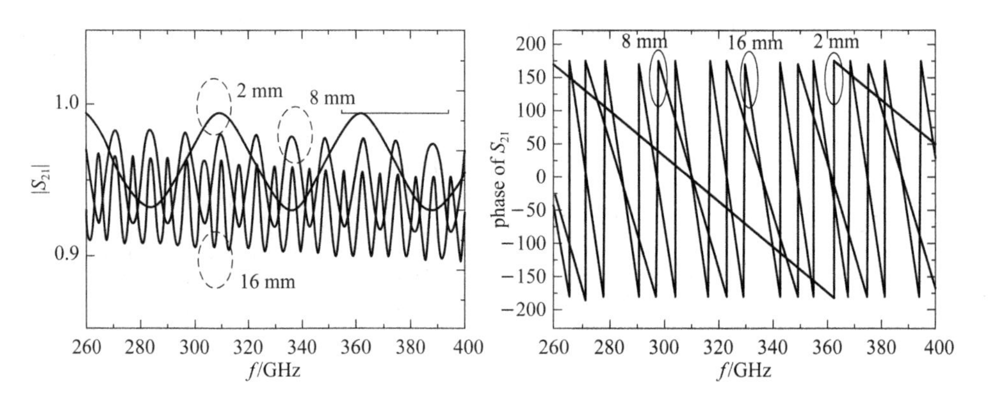

图 5-36　不同厚度(2 mm,8 mm,12 mm)Teflon 自由空间仿真传输系数

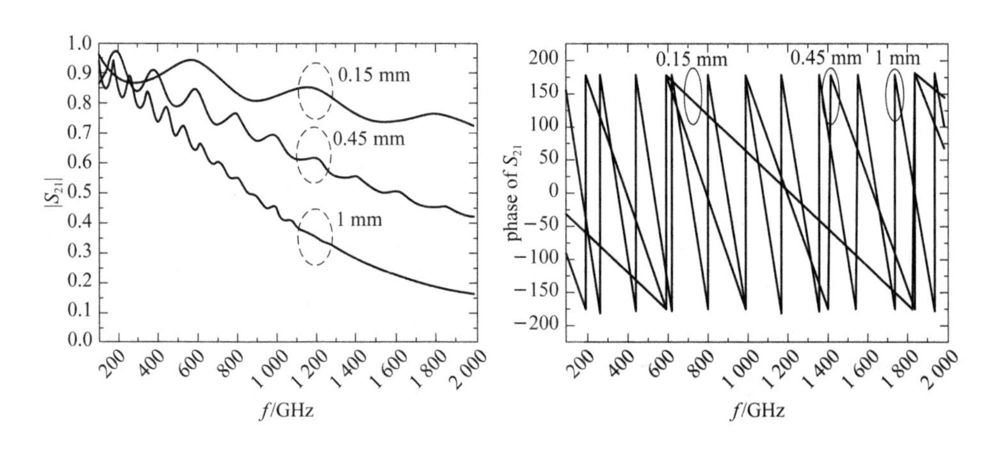

图 5-37　不同厚度(0.15 mm,0.45 mm,1 mm)Crosslinked SUEX 自由空间仿真传输系数

表5-3 多种MUT介电常数(ε_r')的估算值

MUT	厚度/mm	f/GHz	基于$\|S_{21}\|$峰值模型		基于$\angle S_{21}=180°$模型	
			Δf_1/GHz	ε_r'估算值	Δf_2/GHz	ε_r'估算值
PMMA	4	260～400	23.04	2.649 1	46.4	2.612 7
	8		—	—	23.2	2.612 7
	12		—	—	15.46	2.614 1
Glass	2		29.45	6.481 2	59.45	6.366 1
	4		—	—	29.67	6.389 8
	6		—	—	19.8	6.376 9
PVC	2		45.75	2.687 4	—	—
	4		29.12	2.926 7	44.85	2.796 4
	8		—	—	22.38	2.807 6
Teflon	2		51.7	2.104 5	—	—
	8		12.93	2.102 8	25.88	2.099 6
	16		6.47	2.099 5	12.93	2.102 8
Crosslinked SUEX	0.15	100～2 000	617.5	2.622 6	1 247	2.572 3
	0.45		205.25	2.637 5	410.75	2.634 2
	1		—	—	185.89	2.604 6

使用本节提出的模型估算5种材料3种厚度共计15块样品的ε_r'。如表5-3所示，每种材料在厚度不同的情况下估算结果接近，估算结果与仿真设置值接近。由于表格空间限制，仿真设置值未在表5-3展示，而是在后面的图片中展示。表5-3中的“—”表示无法估算。可以看出，随着MUT厚度的增加，估算模型逐渐从基于$|S_{21}|$峰值过渡到基于$\angle S_{21}=180°$。需要特别指出的是，每个MUT的Δf_1(或者Δf_2)数值近似相等，表明MUT非色散或者低色散，表5-3中的Δf_1(或者Δf_2)是平均值。

将这些估算的ε_r'作为初值，使用NR迭代算法求解MUT的ε_r。由于PMMA和Glass结果接近，为了展示清晰，未展示PMMA的提取结果。这里指出，PMMA提取结果与仿真设置值吻合。除此之外，还需特别指出，提取相同材料不同厚度MUT的ε_r几乎相等，此处只展示厚度为16 mm的Teflon、厚度为8 mm的PVC、厚度为6 mm的Glass和厚度为1 mm的Crosslined SUEX的提取结果。根据文献[83]的NR模型设置，本节使用NR法时，误差设置为10^{-7}，每个频点收敛时间约为0.14 s。如图5-38和图5-39所示，提取的ε_r数值和仿真设置数值吻合良好，证明本节提出的方法是有效的。

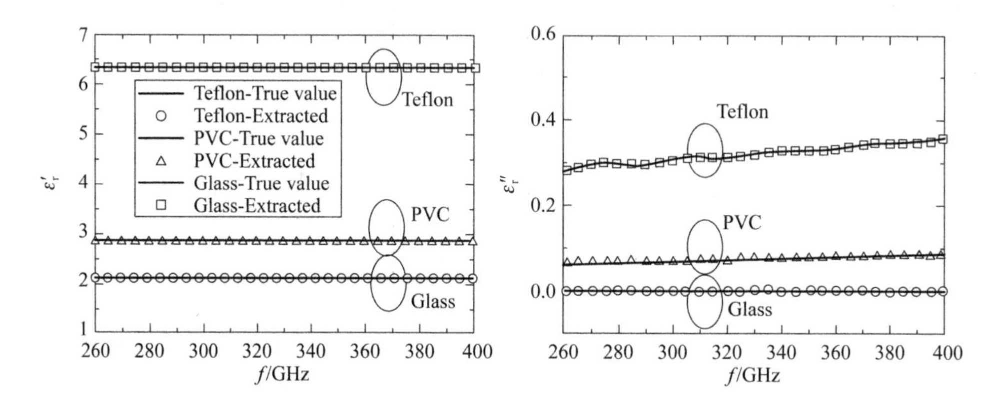

图 5-38　对比提取的相对复介电常数(Extracted)和真实数值(Ture value)：厚度为 16 mm 的 Teflon、厚度为 8 mm 的 PVC、厚度为 6 mm 的 Glass

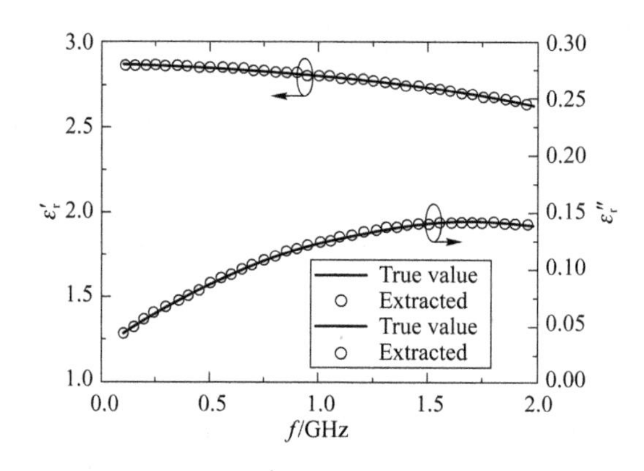

图 5-39　对比提取的相对复介电常数(Extracted)和真实数值(Ture value)：厚度为 1 mm 的 Crosslined SUEX

为了展示本节提出的方法的优势，使用文献中的苯并环丁烯(Benzocyclobutene，BCB)作为验证样本[156]，对比了文献[84]提出的 MUT 低频本征电磁参数作为初值的方法和本节提出的初值估计方法。BCB 在 0.5 GHz 至 500 GHz 频段内的介电常数如图 5-41 所示。可以看出，BCB 介电常数在 0.5 GHz 频点约为 5.5，在太赫兹频段内约为 2.6。如图 5-40 所示，本节首先分别使用 BCB 在 4 GHz、4.5 GHz 和 5 GHz 的介电常数作为初值，用 NR 迭代求解 BCB 在 220～325 GHz 频段的 ε_r，然后使用本节提出的方法求解 BCB 在 220～325 GHz 频段的 ε_r。如图 5-41 所示，为了清晰地展示数据的差别，频率间隔设置为 10 GHz。可以看出，使用低频介电常数作为 NR 迭代算法初值，提取结果错误或者不收敛，使用本书提出方法可以提取出 BCB 正确的 ε_r。

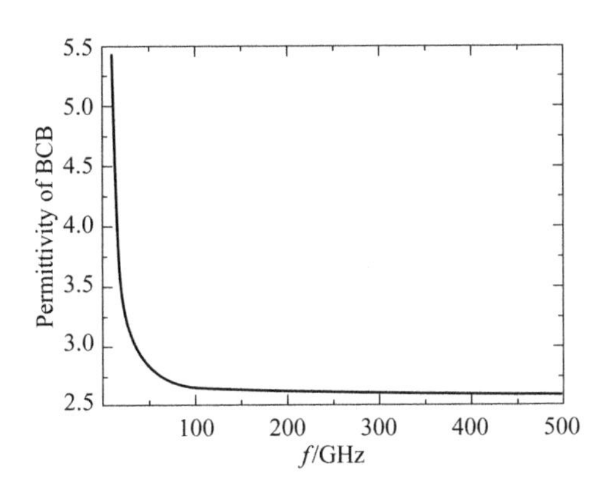

图 5-40 BCB 介电常数[156]

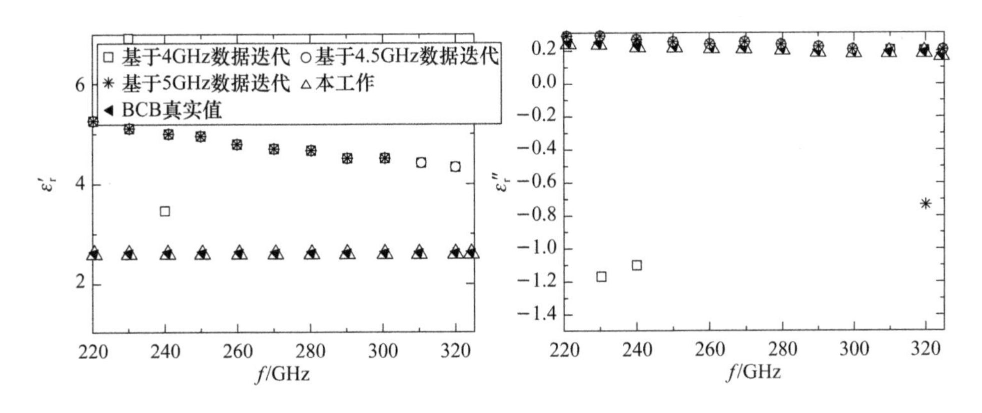

图 5-41 对比本工作和基于低频测量数据的 NR 迭代算法：BCB 相对复介电常数提取结果

本章小结

本章全面优化了 T/R 测试失效时必须应用的基于 R-O 和 T-O 测试的 T-PTLM 的主流提取方法与技术，弥补了本方面提取方法与技术尚存的三个不足之处。首先分别解决了基于 R-O 测试的提取方法与技术尚存的复介电常数解析提取多解问题和受到测试位置影响问题，然后解决了基于 T-O 测试提取太赫兹复介电常数存在的初值估计问题。实验和仿真验证了提出的方法的可行性和优势，并得到三个重要结论:1)短路和匹配反射系数可解析提取出 MUT 唯一的复介电常数,并提出解析提取 MUT 厚度的方案;2)应用 ANN,在 MUT 测试位置未知的情况下,三个反射系数可提取出 MUT 的本征电磁参数;3)在太赫兹频段,自由空间传输系数具有随频率周期变化的特征,可用于估算 MUT 的介电常数,再结合迭代算法,可从传输系数中提取出 MUT 正确的复介电常数。

第6章

总结与展望

6.1 工作总结

本书旨在提出方法弥补 T-PTLM 的主流提取方法与技术尚存的不足之处。具体来看，依据测试 S 参数和测试材料的层数，分三个方面总结这些不足之处并分析其产生的原因后，应用电磁场理论、传输线方程、经典提取方法与技术和 ANN，弥补了这些不足，全面优化了 T-PTLM 的主流提取方法与技术。这三个方面依次为最经典的 T/R 测试单层平板材料方面、T/R 测试衬底上薄膜和平板间粉末/颗粒材料方面和 T/R 测试无法实施或无效情况下的 R-O 和 T-O 测试单层平板材料方面。本书提出的弥补不足的方法和技术对 T-PTLM 的拓展研究和应用具有重要的理论和实践指导意义。具体来看，总结为如下几点内容。

首先，针对 T/R 测试单层平板材料方面的主流提取方法存在的复介电常数提取谐振问题，首次从电磁场方程和边值关系出发，提出了抑制 Fabry-Perot 谐振对复介电常数提取影响的解析方法，完善了本方面的抑制解析提取谐振的理论。相比经典的 NRW 解析提取方法，本方法的解析公式不存在不稳定的 $1/S_{11}$，从而解决了复介电常数提取谐振问题；相比经典的解决提取谐振的 NR 迭代方法，本方法不存在初值估计问题，具有复介电常数的解唯一的优势。220～325 GHz 自由空间 T/R 测试厚度为 6 mm 的空气、厚度为 2 mm 的 Teflon、厚度为 5 mm 的 PTFE 和厚度为 0.762 mm 的 Rogers4350 板材，220～325 GHz 自由空间 T/R 仿真厚度 2 mm低损耗材料，证明本方法解决了复介电常数提取谐振和多解问题。220～325 GHz自由空间 T/R 仿真不同损耗程度的材料，证明本方法也适用于损耗材料。本研究表明，电磁场方程和边值关系，是优化 T-PTLM 的提取方法和技术的重要工具，可替代传输线理论，从 T/R 测试 S 参数中提取出 MUT 的本征电磁参数，且有利于分析测试 S 参数对提取的影响。

其次，针对同轴线和矩形波导 T/R 测试单层平板材料方面的主流提取方法和技术存在的复介电常数提取谐振、多解和受到样品测试位置影响三大难题，基于传输线方程分析、ANN 和经典提取方法与技术，提出了一种组合提取方法，分步解决了这三大难题。本方法首先分析了二端口传输线的反射系数方程，并应用 ANN 估算出了 MUT 在二端口传输线中的位置；然后使用经典 NRW 解析提取方法和相位展开技术求解出了 MUT 唯一的复介电常数；之后应用 NIST 的结论稳定了提取的复介电常数；最后将提取的复介电常数作为初值应用到与 MUT 测试位置无关的 NLSF 迭代算法，从而提取出了与 MUT 测试位置无关的稳定且唯一的复介电常数。本方法虽然步骤多，但相比文献中最新的同时解决复介电常数提取谐振、多解和受到样品测试位置影响三大难题的方法，具有测试和计算简单的优势。X 波段矩形波导 T/R 测试三块低损耗 MUT，验证了本方法的可行性和优势。X 波段矩形波导 T/R 仿真位置误差为 0.1 mm 和 1 mm 的低损耗材料，证明了提出的方法不受位置误差影响，且提出的方法相比经典的 NRW 和 NSTR 提取方法所具有的优势随位置误差的增大而明显。本研究表明，组合应用经典的本征电磁参数提取方法和技术，可整合这些方法与技术的功能，进而同时弥补多个不足。

之后，针对 T/R 测试衬底上薄膜和平板间粉末/颗粒材料方面的主流提取方法与技术尚存的不足之处，拓展了上述基于电磁场方程和边值关系的方法，求解出了衬底上薄膜和平板间粉末/颗粒材料本征电磁参数关于 T/R 测试 S_{11} 和 S_{21} 的表达式。相比文献中的衬底上薄膜本征电磁参数的提取方法，本方法具有同时适用于 TE_{10} 和 TEM 波传输线测试、解析唯一且简单的优势。X 波段矩形波导 T/R 测试衬底上低损耗和损耗材料，证明了本方法对衬底上的材料有效。X 波段矩形波导 T/R 仿真衬底上低损耗和损耗材料，进一步证明了本方法对衬底上薄膜有效，但对衬底上低损耗且厚度大于半波长的材料无效。此外，结合推导出的解析式和 NIST 根据传输线方程分析得出的结论（$\varepsilon_r\mu_r$ 稳定），解决了平板间低损耗粉末/颗粒复介电常数提取谐振问题。X 波段矩形波导 T/R 测试验证表明，相比文献中的消除提取谐振的方法，本方法具有唯一解和不存在初值估计问题的优势。本方面的研究表明，基于电磁场分析和边值关系，可从 T/R 测试 S 参数中提取测试层状材料中任意层的本征电磁参数，且基于电磁场理论的方法出现提取谐振问题时，可使用基于传输线理论的去谐振方法辅助消除谐振。

最后,针对 R-O 和 T-O 测试单层平板材料方面的主流提取方法与技术尚存的不足之处,本书拓展应用基于 T/R 测试的组合提取方法,详细分析传输线方程并应用 ANN 技术,弥补了这些不足,具体如下:①详细分析终端短路和匹配 R-O 测试 S_{11}方程,解析提取出了 MUT 复介电常数的唯一解。X 波段矩形波导 R-O 和 T/R 测试验证表明,本方法的提取结果与 NRW 解析方法和 NIST 迭代方法的提取结果相同。相比文献中的基于 R-O 测试的提取方法,本方法在提取厚度大于电磁波半波长材料的复介电常数时,具有正确且解唯一的优势。同时本方案具有解析提取 MUT 的厚度的能力。②之后,应用 ANN 解决了基于 R-O 测试的提取方法存在的受到 MUT 测试位置影响的问题。本方法首先 R-O 测试两个终端短路和一个终端匹配 S_{11},然后应用 ANN 从这三个 S_{11} 中提取出了 MUT 的位置、复介电常数和复磁导率。X 波段矩形波导 R-O 测试和仿真证明了本方法的有效性。③在太赫兹波段尤其是 300 GHz 以上,平板复介电常数测量必须使用自由空间 T-O测试。针对广泛存在的初值估计问题,详细分析了自由空间太赫兹传输系数的幅值和相位特性,从测试 S_{21} 中估算出了 MUT 的介电常数,解决了这个问题。多种不同厚度材料在不同太赫兹波段的 T-O 仿真验证表明,相比传统的基于自由空间 T-O 测试的提取方法,本方法更加准确。本方面的研究表明,拓展基于 T/R 测试的 T-PTLM 的优化提取方法与技术可弥补基于 R-O 和 T-O 测试的 T-PTLM 在提取方法与技术方面存在的不足。

综上所述,本书应用电磁场理论、传输线理论和 AI 技术,弥补了 T-PTLM 的主流提取方法与技术尚存的不足,拓展了 T-PTLM 的应用范围,且得到五个重要结论:①电磁场理论可代替传输线理论从测试 S 参数中解析提取出 MUT 的本征电磁参数;②结合基于电磁场理论的方法和经典的基于传输线理论的方法,可有效消除彼此的缺陷;③ANN 是 T-PTLM 测量材料本征电磁参数的重要工具;④测试 S 参数多,提取参数多,进而可消除测试参数对提取的影响,比如 MUT 厚度和测试位置对提取的影响;⑤对于具有规律的测试 S 参数,要分析规律,为本征电磁参数提取提供依据。

6.2 未来工作的展望

本书工作在 T-PTLM 提取方法与技术上做出了突破,但实验验证时,未进行误差分析。误差分析作为测量的重要分支，是本研究在下一步需要完善的地方。此外，本书的优化提取方法均建立在 MUT 完全填充二端口传输线的基础上。对于小尺寸 MUT，必须考虑部分填充测试。更重要的是，应用本书提出的方法解决工程难题。根据以上分析，未来工作将在以下两个研究方向进行探索。

1）在测量小尺寸块状材料本征电磁参数方面，未来的研究将建立在 ANN 基础上。对于小块 MUT 部分填充的二端口传输线，S 参数关于 MUT 本征电磁参数的表达式涉及积分运算，推导困难。为此，应用 HFSS 模拟测试，获取仿真材料的本征电磁参数与 S 参数的一一对应关系，使用仿真数据建立 ANN 模型后，将测试 S 参数输入 ANN 提取 MUT 的本征电磁参数。本方法的难点在于要估算出 MUT 本征电磁参数的取值范围，进而仿真合适的 S 参数训练 ANN。为此，将探索研究基于 S 参数数值估算小块样本本征电磁参数的方法。

2）在工程应用方面，重点指出三个研究内容：①本书提出的提取衬底上薄膜本征电磁参数的方法可用于微波检测半导体外延薄膜的质量；②搭建自由空间 T/R 测试系统，应用本书提出的提取粉末/颗粒本征电磁参数的方法，提取可微波无损检测谷物的掺杂、含水量和年份等参数，可微波无损检测泥土中矿物质含量和水含量等参数，可微波无损检测液体浓度和掺杂等参数；③搭建自由空间单端口微波测试系统，将测试端面校准至建筑墙体表面，短路和匹配反射测试墙体反射系数，应用本书提出的基于终端短路和匹配 R-O 测试的解析提取方法，可在不知道墙体厚度的情况下提取建筑墙体的复介电常数，测量结果可用于分析墙体内钢筋水泥分布情况，无损检测墙体的质量。

参考文献

[1] ADAM S F, PACKARD H. Microwave theory and applications [M]. Upper Saddle River: Prentice-Hall, 1969.

[2] 刘盛纲，钟任斌. 太赫兹科学技术及其应用的新发展[J]. 电子科技大学学报，2009 38(5)：481-486.

[3] 姚建铨. 太赫兹技术及其应用[J]. 重庆邮电大学学报(自然科学版)，2010(6)：703-707.

[4] MA J. Design for Cost: The key of success for 5G and beyond [J]. IEEE Transactions on Microwave Theory and Techniques, 2020, 68(1): 16-16.

[5] WANG H, ZHANG P, LI J, et al. Radio propagation and wireless coverage of LSAA-based 5G millimeter-wave mobile communication systems [J]. China Communications, 2019, 16(5): 1-18.

[6] MA J. Editorial [J]. IEEE Transactions on Microwave Theory and Techniques, 2020, 68(1): 3-15.

[7] 刘小明. 介电参数及其测量技术[M]. 北京：北京邮电大学出版社，2015.

[8] 桂勇锋. 毫米波段低损耗平面和非平面材料复介电常数测量研究[D]. 南京：东南大学，2009.

[9] 吴韵秋. 功能薄膜材料微波参数测试理论与技术研究[D]. 成都：电子科技大学，2009.

[10] STEWART J W. Simultaneous extraction of the permittivity and permeability of conductor-backed lossy materials using open-ended waveguide probes [D]. Alabama: Air University, 2006.

[11] HOSSEINI M H，HEIDAR H，SHAMS M H. Wideband nondestructive measurement of complex permittivity and permeability using coupled coaxial probes [J]. IEEE Transactions on Instrumentation and Measurement，2016，66(1)：148-157.

[12] 王佩佩，王群，唐章宏，等. 高温微波材料电磁参数测量方法综述[J]. 物理化学进展，2018，7(2)：86-94.

[13] BAKER-JARVIS J，GEYER R G，GROSVENOR C A，et al. Measuring the permittivity and permeability of lossy materials：solids，liquids，metals，building materials，and negative-index materials [M]. Colorado：National Institute of Standards and Technology，2005.

[14] 赵才军，蒋全兴，景莘慧. 改进的同轴传输/反射法测量复介电常数[J]. 仪器仪表学报，2011，32(3)：695-700.

[15] 李涛，年夫顺. 波导传输线材料电磁参数测试及适应性研究[J]. 测控技术，2014，33(7)：148-151.

[16] 唐宗熙，张彪. 用自由空间法测试介质电磁参数[J]. 电子学报，2006，34(1)：189-192.

[17] BAKER-JARVIS J. Transmission/reflection and short-circuit line permittivity measurements [M]. Colorado：National Institute of Standards and Technology，1990.

[18] CHEN L F，ONG C K，NEO C P，et al. Microwave electronics：measurement and materials characterization [M]. New York：John Wiley & Sons，2004.

[19] FENNER R A. Error analysis of reflection-only materialcharacterization methods [D]. Michigan. Michigan State University，2011.

[20] DUVILLARET L，GARET F，COUTAZ J L. A reliable method for extraction of material parameters in terahertz time-domain spectroscopy [J]. IEEE Journal of Selected Topics in Quantum Electronics，1996，2(3)：739-746.

[21] NICOLSON A M，ROSS G F. Measurement of the intrinsic properties of materials by time-domain techniques [J]. IEEE Transactions on Instrumentation and Measurement，1970，19(4)：377-382.

[22] WEIR W B. Automatic measurement of complexdielectric constant and permeability at microwave frequencies [J]. Proceedings of the IEEE, 1974, 62(1): 33-36.

[23] BAUM T, THOMPSON L, GHORBANI K. Complex dielectric measurements of forest fire ash at X-band frequencies [J]. IEEE Geoscience and Remote Sensing Letters, 2011, 8(5): 859-863.

[24] OZTURK T, ULUER I, ÜNAL İ. Materials classification by partial least squares using S-parameters [J]. Journal of Materials Science: Materials in Electronics, 2016, 27(12): 12701-12706.

[25] BAKER-JARVIS J, GEYER R G, DOMICH P D. Anonlinear least-squares solution with causality constraints applied to transmission line permittivity and permeability determination [J]. IEEE Transactions on Instrumentation and Measurement, 1992, 41(5): 646-652.

[26] 田步宁，杨德顺，唐家明，等. 传输/反射法测量材料电磁参数的研究[J]. 电波科学学报，2001，16(1)：57-60.

[27] BAKER-JARVIS J, VANZURA E J, KISSICK W A. Improved technique for determining complex permittivity with the transmission/reflection method [J]. IEEE Transactions on Microwave Theory and Techniques, 1990, 38(8): 1096-1103.

[28] BANK R E, ROSE D J. Analysis of a multilevel iterative method for nonlinear finite element equations [J]. Mathematics of Computation, 1982, 39(160): 453-465.

[29] BOUGHRIET A H, LEGRAND C, CHAPOTON A. Noniterative stable transmission/reflection method for low-loss material complex permittivity determination [J]. IEEE Transactions on Microwave Theory and Techniques, 1997, 45(1): 52-57.

[30] HASAR U C, WESTGATE C R. A broadband and stable method for unique complex permittivity determination of low-loss materials [J]. IEEE Transactions on Microwave Theory and Techniques, 2009, 57(2): 471-477.

[31] KIM S, BAKER-JARVIS J. An approximate approach to determining the

permittivity and permeability near lambda/2 resonances in transmission/reflection measurements [J]. Progress In Electromagnetics Research B, 2014, 58: 95-109.

[32] KIM S, GUERRIERI J R. Low-loss complex permittivity and permeability determination in transmission/reflection measurements with time-domain smoothing [J]. Progress In Electromagnetics Research M, 2015, 44: 69-79.

[33] HOUTZ DA, GU D, WALKER D K. An improved two-port transmission line permittivity and permeability determination method with shorted sample [J]. IEEE Transactions on Microwave Theory and Techniques, 2016, 64(11): 3820-3827.

[34] SMITH D R, SCHULTZ S, MARKOŠ P, et al. Determination of effective permittivity and permeability of metamaterials from reflection and transmission coefficients [J]. Physical Review B, 2002, 65(19): 195104.

[35] CHEN X, GRZEGORCZYK T M, WU B I, et al. Robust method to retrieve the constitutive effective parameters of metamaterials [J]. Physical Review E, 2004, 70(1): 016608.

[36] NESS J. Broad-band permittivity measurements using the semi-automatic network analyzer (Short Paper) [J]. IEEE Transactions on Microwave Theory and Techniques, 1985, 33(11): 1222-1226.

[37] BALL J A R, HORSFIELD B. Resolving ambiguity in broadband waveguide permittivity measurements on moist materials [J]. IEEE Transactions on Instrumentation and Measurement, 1998, 47 (2): 390-392.

[38] HASAR U C, YURTCAN M T. A microwave method based on amplitude-only reflection measurements for permittivity determination of low-loss materials [J]. Measurement, 2010, 43(9): 1255-1265.

[39] HASAR U C. Two novel amplitude-only methods for complex permittivity determination of medium-and low-loss materials [J]. Measurement Science and Technology, 2008, 19(5): 055706.

[40] HASAR U C, SIMSEK O. An accurate complex permittivity method for

thin dielectric materials [J]. Progress In Electromagnetics Research, 2009, 91: 123-138.

[41] VARADAN V V, RO R. Unique retrieval of complex permittivity and permeability of dispersive materials from reflection and transmitted fields by enforcing causality [J]. IEEE Transactions on Microwave Theory and Techniques, 2007, 55(10): 2224-2230.

[42] SZABÓ Z, PARK G H, HEDGE R, et al. A unique extraction of metamaterial parameters based on Kramers-Kronig relationship [J]. IEEE Transactions on Microwave Theory and Techniques, 2010, 58 (10): 2646-2653.

[43] ARSLANAGIČ S, HANSEN T V, MORTENSEN N A, et al. A review of the scattering-parameter extraction method with clarification of ambiguity issues in relation to metamaterial homogenization [J]. IEEE Antennas and Propagation Magazine, 2013, 55(2): 91-106.

[44] LUUKKONEN O, MASLOVSKI S I, TRETYAKOV S A. A stepwise Nicolson-Ross-Weir-based material parameter extraction method [J]. IEEE Antennas and Wireless Propagation Letters, 2011, 10: 1295-1298.

[45] BARROSO J J, HASAR U C. Resolving phase ambiguity in the inverse problem of transmission/reflection measurement methods [J]. Journal of Infrared, Millimeter, and Terahertz Waves, 2011, 32(6): 857-866.

[46] SCOTT W, SMITH G. Dielectric spectroscopy using monopole antennas of general electrical length [J]. IEEE Transactions on Antennas and Propagation, 1986, 34(7): 919-929.

[47] BAEK K H, CHUN J C, PARK W S. A position-insensitive measurement of the permittivity and permeability in coaxial airline [C]. 43rd ARFTG Conference Digest. San Diego: IEEE, 1994: 112-116.

[48] WAN C, NAUWELAERS B, De Raedt W, et al. Two new measurement methods for explicit determination of complex permittivity [J]. IEEE Transactions on Microwave Theory and Techniques, 1998, 46 (11): 1614-1619.

[49] MA Z, OKAMURA S. Permittivity determination using amplitudes of

transmission and reflection coefficients at microwave frequency [J]. IEEE Transactions on Microwave Theory and Techniques, 1999, 47 (5): 546-550.

[50] HASAR U C. A fast and accurate amplitude-only transmission-reflection method for complex permittivity determination of lossy materials [J]. IEEE Transactions on Microwave Theory and Techniques, 2008, 56(9): 2129-2135.

[51] CHALAPAT K, SARVALA K, LI J, et al. Wideband reference-plane invariant method for measuring electromagnetic parameters of materials [J]. IEEE Transactions on Microwave Theory and Techniques, 2009, 57 (9): 2257-2267.

[52] HASAR U C. Reference-plane invariant, broadband, and stable constitutive parameters determination of low-loss materials from transmission-reflection measurements using variable parameters [J]. Journal of Electromagnetic Waves and Applications, 2012, 26(1): 44-53.

[53] HASAR U C, KAYA Y, BUTE M, et al. Microwave method for reference-plane-invariant and thickness-independent permittivity determination of liquid materials [J]. Review of Scientific Instruments, 2014, 85(1): 014705.

[54] HASAR U C, KAYA Y, BARROSO J J, et al. Determination of reference-plane invariant, thickness-independent, and broadband constitutive parameters of thin materials [J]. IEEE Transactions on Microwave Theory and Techniques, 2015, 63(7): 2313-2321.

[55] HASAR U C. Determination of complex permittivity of low-loss samples from position-invariant transmission and shorted-reflection measurements [J]. IEEE Transactions on Microwave Theory and Techniques, 2017, 66 (2): 1090-1098.

[56] HAO X, WEIJUN L, QIULAI G. A new dual-channel measurement method for accurate characterization of low-permittivity and low-loss materials [J]. IEEE Transactions on Instrumentation and Measurement, 2018, 67(6): 1370-1379.

[57] MAPLEBACK B J, NICHOLSON K J, TAHA M, et al. Complex permittivity and permeability of vanadium dioxide at microwave frequencies [J]. IEEE Transactions on Microwave Theory and Techniques, 2019, 67(7): 2805-2811.

[58] KATSOUNAROS A, RAJAB K Z, HAO Y, et al. Microwave characterization of vertically aligned multiwalled carbon nanotube arrays [J]. Applied Physics Letters, 2011, 98(20): 203105.

[59] KAMAREI M, DAOUD N, SALAZAR R, et al. Measurement of complex permittivity and permeability of dielectric materials placed on a substrate [J]. Electronics Letters, 1991, 27(1): 68-70.

[60] 赵爱军，张秀成，张凌，等. 波导法测量有衬底介质复介电常数和复磁导率[J]. 华中科技大学学报(自然科学版)，2002，30(11)：41-42+68.

[61] WILLIAMS T C, STUCHLY M A, SAVILLE P. Modified transmission-reflection method for measuring constitutive parameters of thin flexible high-loss materials [J]. IEEE Transactions on Microwave Theory and Techniques, 2003, 51(5): 1560-1566.

[62] HAVRILLA M J, NYQUIST D P. Electromagneticcharacterization of layered materials via direct and de-embed methods [J]. IEEE Transactions on Instrumentation and Measurement, 2006, 55(1): 158-163.

[63] SHI Y, LI Z Y, LI K, et al. A retrieval method of effective electromagnetic parameters for inhomogeneousmetamaterials [J]. IEEE Transactions on Microwave Theory and Techniques, 2017, 65(4): 1160-1178.

[64] GORRITI A G, SLOB E C. A new tool for accurate S-parameters measurements and permittivity reconstruction [J]. IEEE Transactions on Geoscience and Remote Sensing, 2005, 43(8): 1727-1735.

[65] GORRITI A G, SLOB E C. Synthesis of all known analytical permittivity reconstruction techniques of nonmagnetic materials from reflection and transmission measurements [J]. IEEE Geoscience and Remote Sensing Letters, 2005, 2(4): 433-436.

[66] EBARA H, INOUE T, HASHIMOTO O. Measurement method of

complex permittivity and permeability for a powdered material using a waveguide in microwave band [J]. Science and Technology of Advanced Materials, 2006, 7(1): 77-83.

[67] GEORGET É, ABDEDDAIM R, SABOUROUX P. A quasi-universal method to measure the electromagnetic characteristics of usual materials in the microwave range [J]. Comptes Rendus Physique, 2014, 15(5): 448-457.

[68] BROUET Y, LEVASSEUR-REGOURD A C, SABOUROUX P, et al. Permittivity measurements of porous matter in support of investigations of the surface and interior of 67P/Churyumov-Gerasimenko [J]. Astronomy & Astrophysics, 2015, 583: A39.

[69] PIUZZI E, CANNAZZA G, CATALDO A, et al. Measurement system for evaluating dielectric permittivity of granular materials in the 1.7-2.6-GHz band [J]. IEEE Transactions on Instrumentation and Measurement, 2015, 65(5): 1051-1059.

[70] OGUCHI T, UDAGAWA M, NANBA N, et al. Measurements of dielectric constant of volcanic ash erupted from five volcanoes in Japan [J]. IEEE Transactions on Geoscience and Remote Sensing, 2009, 47(4): 1089-1096.

[71] SAGNARD F, BENTABET F, VIGNAT C. In situ measurements of the complex permittivity of materials using reflection ellipsometry in the microwave band: theory (Part I) [J]. IEEE Transactions on Instrumentation and Measurement, 2005, 54(3): 1266-1273.

[72] HASAR U C. Unique retrieval of complex permittivity of low-loss dielectric materials from transmission-only measurements [J]. IEEE Geoscience and Remote Sensing Letters, 2010, 8(3): 562-564.

[73] KAZEMIPOUR A, HUDLIČKA M, YEE S K, et al. Design and calibration of a compact quasi-optical system for material characterization in millimeter/submillimeter wave domain [J]. IEEE Transactions on Instrumentation and Measurement, 2014, 64(6): 1438-1445.

[74] HASAR U C. Permittivity measurement of thin dielectric materials from

reflection-only measurements using one-port vector network analyzers [J]. Progress In Electromagnetics Research, 2009, 95: 365-380.

[75] FENNER R A, ROTHWELL E J, FRASCH L L, et al. Characterization of conductor-backed dielectric materials with genetic algorithms and free space methods [J]. IEEE Microwave and Wireless Components Letters, 2016, 26(6): 461-463.

[76] HASAR U C, WESTGATE C R, ERTUGRUL M. Noniterative permittivity extraction of lossy liquidmaterials from reflection asymmetric amplitude-only microwave measurements [J]. IEEE Microwave and Wireless Components Letters, 2009, 19(6): 419-421.

[77] FENNER R A, ROTHWELL E J, FRASCH L L. A comprehensive analysis of free-space and guided-wave techniques for extracting the permeability and permittivity of materials using reflection-only measurements [J]. Radio Science, 2012, 47(1): 1-13.

[78] SAHIN S, NAHAR N K, SERTEL K. Dielectric properties of low-loss polymers for mmW and THz applications [J]. Journal of Infrared, Millimeter, and Terahertz Waves, 2019, 40(5): 557-573.

[79] PIESIEWICZ R, JANSEN C, WIETZKE S, et al. Properties of building and plastic materials in the THz range [J]. International Journal of Infrared and Millimeter Waves, 2007, 28(5): 363-371.

[80] TOSAKA T, FUJII K, FUKUNAGA K, et al. Development of complex relative permittivity measurement system based on free-space in 220-330-GHz range [J]. IEEE Transactions on Terahertz science and Technology, 2014, 5(1): 102-109.

[81] HAMMLER J, GALLANT A J, BALOCCO C. Free-space permittivity measurement at terahertz frequencies with a vector network analyzer [J]. IEEE Transactions on Terahertz Science and Technology, 2016, 6(6): 817-823.

[82] SAHIN S, NAHAR N K, SERTEL K. Permittivity and loss characterization of SUEX epoxy films for mmW and THz applications [J]. IEEE Transactions on Terahertz Science and Technology, 2018, 8(4):

397-402.

[83] ZHANG X, CHANG T, CUI H L, et al. A free-space measurement technique of terahertz dielectric properties [J]. Journal of Infrared, Millimeter, and Terahertz Waves, 2017, 38(3): 356-365.

[84] GHALICHECHIAN N, SERTEL K. Permittivity and loss characterization of SU-8 films for mmW and terahertz applications [J]. IEEE Antennas and Wireless Propagation Letters, 2014, 14: 723-726.

[85] OZTURK T, ELHAWIL A, ULUER İ, et al. Development of extraction techniques for dielectric constant from free-space measured S-parameters between 50 and 170 GHz [J]. Journal of Materials Science: Materials in Electronics, 2017, 28(15): 11543-11549.

[86] GÜNESER M T. Artificial intelligence solution to extract the dielectric properties of materials at sub-THz frequencies [J]. IET Science, Measurement & Technology, 2019, 13(4): 523-528.

[87] POZAR D M. Microwave engineering [M]. New York: John Wiley & Sons, 2009.

[88] COLLIN R E. Foundations for microwave engineering [M]. New York: John Wiley & Sons, 2007.

[89] 李秀萍. 微波技术基础[M]. 北京：电子工业出版社，2013.

[90] 林为干. 电磁场理论[M]. 北京：人民邮电出版社，1984.

[91] OLINER A A. Historical perspectives on microwave field theory [J]. IEEE Transactions on Microwave Theory and Techniques, 1984, 32(9): 1022-1045.

[92] KUROKAWA K. Power waves and the scattering matrix [J]. IEEE Transactions on Microwave Theory and Techniques, 1965, 13(2): 194-202.

[93] COLLIN R E. Field theory of guided waves [M]. New York: McGraw-Hill, 1960.

[94] 安捷伦科技有限公司电子测量事业部. 网络分析仪原理及其应用[M]. 北京:安捷伦科技有限公司，2006.

[95] NAFTALY M, MILES R E. Terahertz time-domain spectroscopy for

material characterization [J]. Proceedings of the IEEE, 2007, 95(8): 1658-1665.

[96] ENGEN G F, HOER C A. Thru-reflect-line: An improved technique for calibrating the dual six-port automatic network analyzer [J]. IEEE Transactions on Microwave Theory and Techniques, 1979, 27(12): 987-993.

[97] KRUPPA W, SODOMSKY K F. An explicit solution for the scattering parameters of a linear two-port measured with an imperfect test set (correspondence) [J]. IEEE Transactions on Microwave Theory and Techniques, 1971, 19(1): 122-123.

[98] ZHANG N, CHENG J, ZHANG G, et al. A free-space measurement of complex permittivity in 8 GHz～40 GHz [C]. 2014 Asia-Pacific Microwave Conference. Sendai: IEEE, 2014: 849-851.

[99] 胡大海，赵锐，杜刘革，等. 太赫兹平板材料介电常数测试技术[J]. 微波学报，2016，32(5)：1-5.

[100] 陈婷，杨春涛，陈云梅，等. 校准件不完善对矢量网络分析仪单端口 S 参数测量引入的不确定度[J]. 计量学报，2009，30(2)：177-182.

[101] 龚鹏伟，谌贝，谢文，等. 太赫兹时域光谱仪校准技术[J]. 宇航计测技术，2016，36(5)：5-11.

[102] BRADY M M. Cutoff wavelengths and frequencies of standard rectangular waveguides [J]. Electronics Letters, 1969, 5(17): 410-412.

[103] SEQUERIA H B. Extracting μ_r and ϵ_r of solids from one-port phasor network analyzer measurements [J]. IEEE Transactions on Instrumentation and Measurement, 1990, 39(4): 621-627.

[104] ROTHWELL E J, CLOUD M J. Electromagnetics [M]. Boca Raton: CRC press, 2018.

[105] OZTURK T, ULUER İ, ÜNAL İ. Correction to: Materials classification by partial least squares using S-parameters [J]. Journal of Materials Science: Materials in Electronics, 2019, 30(18): 17525-17525.

[106] STASZEK K, GRUSZCZYNSKI S, WINCZA K. Complex permittivity and permeability estimation by reflection measurements of open and short

coaxial transmission line [J]. Microwave and Optical Technology Letters, 2014, 56(3): 727-732.

[107] MAZE G, BONNEFOY J L, KAMAREI M. Microwave measurement of the dielectric constant using a sliding short-circuited waveguide method [J]. Microwave Journal, 1990, 33: 77-88.

[108] DESHPANDE M D, REDDY C J, TIEMSIN P I, et al. A new approach to estimate complex permittivity of dielectric materials at microwave frequencies using waveguide measurements [J]. IEEE Transactions on Microwave Theory and Techniques, 1997, 45(3): 359-366.

[109] 张华. 反射法测试复介电常数技术研究[D]. 成都: 电子科技大学, 2018.

[110] OZTURK T, MORIKAWA O, ÜNAL İ, et al. Comparison of free space measurement using a vector network analyzer and low-cost-type THz-TDS measurement methods between 75 and 325 GHz [J]. Journal of Infrared, Millimeter, and Terahertz Waves, 2017, 38(10): 1241-1251.

[111] 华东师范大学数学系. 数学分析[M]. 北京: 高等教育出版社, 2006.

[112] VLACHOGIANNAKIS G, PERTIJS M A P, SPIRITO M, et al. A 40-nm CMOS complex permittivity sensing pixel for material characterization at microwave frequencies [J]. IEEE Transactions on Microwave Theory and Techniques, 2017, 66(3): 1619-1634.

[113] EBRAHIMI A, SCOTT J, GHORBANI K. Ultrahigh-sensitivity microwave sensor for microfluidic complex permittivity measurement [J]. IEEE Transactions on Microwave Theory and Techniques, 2019, 67(10): 4269-4277.

[114] TOFIGHI M R, DARYOUSH A S. Characterization of the complex permittivity of brain tissues up to 50 GHz utilizing a two-port microstrip test fixture [J]. IEEE Transactions on Microwave Theory and Techniques, 2002, 50(10): 2217-2225.

[115] HASAN A, PETERSON A F. Improved measurement of complex permittivity using artificial neural networks with scaled inputs [J]. Microwave and Optical Technology Letters, 2011, 53(9): 2139-2142.

[116] YANG Y, ZHU H, FAN L, et al. Broadband complex permittivity

determination using a two-port U-shaped coplanar waveguide with artificial neutral network algorithm [J]. International Journal of Applied Electromagnetics and Mechanics, 2015, 47(2): 425-432.

[117] OZTURK T, ELHAWIL A, DÜĞENCI M, et al. Extracting the dielectric constant of materials using ABC-based ANNs and NRW algorithms [J]. Journal of Electromagnetic Waves and Applications, 2016, 30(13): 1785-1799.

[118] PANDA S, TIWARI N K, AKHTAR M J. Computationally intelligent sensor system for microwave characterization of dielectric sheets [J]. IEEE Sensors Journal, 2016, 16(20): 7483-7493.

[119] CHEN Q, HUANG K M, YANG X, et al. An artificial nerve network realization in the measurement of material permittivity [J]. Progress In Electromagnetics Research, 2011, 116: 347-361.

[120] ZHANG Q, GUPTA K C. Neural networks for RF and microwave design [M]. Norwood: Artech House, 2000.

[121] FENG F, ZHANG C, MA J, et al. Parametric modeling of EM behavior of microwave components using combined neural networks and pole-residue-based transfer functions [J]. IEEE Transactions on Microwave Theory and Techniques, 2015, 64(1): 60-77.

[122] YANG C, MA K, MA J. A noniterative and efficient technique to extract complex permittivity of low-loss dielectric materials at terahertz frequencies[J]. IEEE Antennas and Wireless Propagation Letters, 2019, 18(10): 1971-1975.

[123] GHODGAONKAR D K, VARADAN V V, VARADAN V K. A free-space method for measurement of dielectric constants and loss tangents at microwave frequencies [J]. IEEE Transactions on Instrumentation and measurement, 1989, 38(3): 789-793.

[124] RASHIDIAN A, SHAFAI L, KLYMYSHYN D, et al. A fast and efficient free-space dielectric measurement technique at mm-wave frequencies [J]. IEEE Antennas and Wireless Propagation Letters, 2017, 16: 2630-2633.

[125] BARTLEY P G, BEGLEY S B. A new free-space calibration technique for materials measurement [C]. 2012 IEEE International Instrumentation and Measurement Technology Conference Proceedings. Graz: IEEE, 2012: 47-51.

[126] OZTURK T, HUDLIČKA M, ULUER İ. Development of measurement and extraction technique of complex permittivity using transmission parameter S_{21} for millimeter wave frequencies [J]. Journal of Infrared, Millimeter, and Terahertz Waves, 2017, 38(12): 1510-1520.

[127] LAMB J W. Miscellaneous data on materials for millimetre and submillimetre optics [J]. International Journal of Infrared and Millimeter Waves, 1996, 17(12): 1997-2034.

[128] BREEDEN K H, SHEPPARD A P. A note on the millimeter wave dielectric constant and loss tangent value of some common materials [J]. Radio Science, 1968 3(2): 205.

[129] YANG C and HUANG H. Determination of complex permittivity of low-loss materials from reference-plane invariant transmission/reflection measurements [J]. IEEE Access, 2019, 7: 131865-131872.

[130] BOURREAU D, PÉDEN A, LE MAGUER S. A quasi-optical free-space measurement setup without time-domaingating for material characterization in the W-Band [J]. IEEE Transactions on Instrumentation and Measurement, 2006, 55(6): 2022-2028.

[131] MISNER C P. Quick disconnect device for waveguide flanges: U. S. Patent 3,076,948 [P]. 1963-2-5.

[132] SUN J, DAWOOD A, OTTER W J, et al. Microwave characterization of low-loss FDM 3-D printed ABS with dielectric-filled metal-pipe rectangular waveguide spectroscopy [J]. IEEE Access, 2019, 7: 95455-95486.

[133] WANG L, ZHOU R, XIN H. Microwave (8-50 GHz) characterization of multiwalled carbon nanotube papers using rectangular waveguides [J]. IEEE Transactions on Microwave Theory and Techniques, 2008, 56(2): 499-506.

[134] YANG C and HUANG H. Extraction of stable complex permittivity and permeability of low-loss materials from transmission/reflection measurements [J]. IEEE Transactions on Instrumentation and Measurement, 2021, 70: 1-8.

[135] BAKER-JARVIS J, GEYER R G, DOMICH P D. A nonlinear least-squares solution with causality constraints applied to transmission line permittivity and permeability determination [J]. IEEE Transactions on Instrumentation and Measurement, 1992, 41(5): 646-652.

[136] LIU C, TONG F. An SIW resonator sensor for liquid permittivity measurements at c band [J]. IEEE Microwaves and Wireless Components Letters, 2015, 25(11): 751-753.

[137] HOSSEINI M H, HEIDAR H, SHAMS M H. Wideband nondestructive measurement of complex permittivity and permeability using coupled coaxial probes [J]. IEEE Transactions on Instrumentation and Measurement, 2017, 66(1): 148-157.

[138] NA W C, ZHANG Q J. Automated knowledge-based neural network modeling for microwave applications [J]. IEEE Microwaves and Wireless Components Letters, 2014, 24(7): 499-501.

[139] XIA Y, WANG J. A bi-projection neural network for solving constrained quadratic optimization problems [J]. IEEE Transactions on Neural Networks and Learning Systems,2016,27(2):214-224.

[140] LI L, HU H, TANG P, et al. Compact dielectric constant characterization of low-loss thin dielectric slabs with microwave reflection measurement [J]. IEEE Antennas and Wireless Propagation Letters, 2018, 17(4): 575-578.

[141] YANG C, MA J G. Direct extraction of complex permittivity and permeability of materials on a known-substrate from transmission/reflection measurements [J]. IEEE Microwave and Wireless Components Letters, 2019, 29(10): 693-695.

[142] YANG C. Determination of unique and stable complex permittivity of granular materials from transmission and reflection measurements [J].

Microwave and Optical Technology Letters, 2021, 63(3): 753-757.

[143] YANG C, HUANG H, PENG M. Non-iterative method for extracting complex permittivity and thickness of materials from reflection-only measurements [J]. IEEE Transactions on Instrumentation and Measurement, 2022, 71: 1-8.

[144] TIWARI N K, SINGH S P, JHA A K, et al. Simplified approach for broadband RF testing of low loss magneto-dielectric samples [J]. IEEE Transactions on Instrumentation and Measurement, 2019, early access.

[145] HYDE M W, HAVRILLA M J, BOGLE A E, et al. Broadband characterization of materials using a dual-ridged waveguide [J]. IEEE Transactions on Instrumentation and Measurement, 2013, 62(12): 3168-3176.

[146] HASAR U C, BARROSO J J, SABAH C, et al. Resolving phase ambiguity in the inverse problem of reflection-only measurement methods [J]. Progress in Electromagnetics Research, 2012, 129: 405-420.

[147] YANG C L, LEE C S, CHEN K W, et al. Noncontact measurement of complex permittivity and thickness by using planar resonators [J]. IEEE Transactions on Microwave Theory and Techniques, 2016, 64 (1): 247-257.

[148] EBRAHIMI A, SCOTT J, and GHORBANI K. Dual-mode resonator for simultaneous permittivity and thickness measurement of dielectrics [J]. IEEE Sensors Journal, 2020, 20(1): 185-192.

[149] YANG C. A position-independent reflection-only method for complex permittivity and permeability determination with one sample [J]. Frequenz, 2020, 74(3-4): 163-167.

[150] YANG C, Wang J, Yang C. Estimation methods to extract complex permittivity from transmission coefficient in the terahertz band [J]. Optical and Quantum Electronics,2021,53.

[151] DEGLI-ESPOSTI V, ZOLI M, VITUCCI E M, et al. A method for the electromagnetic characterization of construction materials based on Fabry-Pérot resonance [J]. IEEE Access, 2017, 5: 24938-24943.

[152] SCALES J A, BATZLE M. Millimeter wave spectroscopy of rocks and fluids [J]. Applied Physics Letters, 2006, 88(6): 062906.

[153] KIM S, NOVOTNY D, GORDON J A, et al. A free-space measurement method for the low-loss dielectric characterization without prior need for sample thickness data [J]. IEEE Transactions on Antennas and Propagation, 2016, 64(9): 3869-3879.

[154] ROHATGI A. WebPlotDigitizer http://arohatgi. Info [J]. 2017.

[155] SAHIN S, NAHAR N K, SERTEL K. Thin-film SUEX as an antireflection coating for mmW and THz applications [J]. IEEE Transactions on Terahertz Science and Technology, 2019, 9(4): 417-421.

[156] SEILER P, PLETTEMEIER D. A method for substrate permittivity and dielectric loss characterization up to subterahertz frequencies [J]. IEEE Transactions on Microwave Theory and Techniques, 2019, 67(4): 1640-1651.